MySQL SHUJUKU

MySQL数据库

◇主　编　曾　鸿　胡德洪　陈伟华
◇副主编　杨　晓　熊绍刚　刘莉莉　代　颖

重庆大学出版社

内容提要

MySQL数据库是目前应用最广泛的关系型数据库之一。本书基于软件开发中数据库应用的工作过程构建模块，任务驱动、理实一体，适合线上线下混合式教学。本书由7个模块30个任务构成，从认识MySQL、安装MySQL、创建数据库、创建数据表、操作数据表、查询，到创建和使用存储过程、管理MySQL用户等，基于MySQL数据库应用和管理过程进行内容编排。本书提供丰富教学示例，同时示例之后提供大量课堂练习，供读者先模仿再举一反三。拓展阅读部分是课程思政元素之一，介绍了国产数据库的发展历程，提升读者关键技术自主可控意识，为国产数据库的广泛应用打下坚实基础。

本书可作为高职院校数据库技术课程教材，也可以作为软件开发人员和MySQL数据库管理人员的数据库应用工作手册。

图书在版编目(CIP)数据

MySQL数据库 / 曾鸿，胡德洪，陈伟华主编. -- 重庆：重庆大学出版社，2022.1(2024.12重印)
高职高专计算机系列教材
ISBN 978-7-5689-3132-8

Ⅰ.①M… Ⅱ.①曾… ②胡… ③陈… Ⅲ.①关系数据库系统—高等职业教育—教材 Ⅳ.①TP311.132.3

中国版本图书馆CIP数据核字(2022)第015075号

MySQL数据库
MySQL SHUJUKU
主　编　曾　鸿　胡德洪　陈伟华
副主编　杨　晓　熊绍刚　刘莉莉　代　颖
责任编辑：苟荟羽　　版式设计：苟荟羽
责任校对：谢　芳　　责任印制：张　策
*
重庆大学出版社出版发行
出版人：陈晓阳
社址：重庆市沙坪坝区大学城西路21号
邮编：401331
电话：(023) 88617190　88617185(中小学)
传真：(023) 88617186　88617166
网址：http://www.cqup.com.cn
邮箱：fxk@cqup.com.cn (营销中心)
全国新华书店经销
重庆正文印务有限公司印刷
*
开本：787mm×1092mm　1/16　印张：10.25　字数：240千
2022年1月第1版　2024年12月第3次印刷
印数：6 001—7 000
ISBN 978-7-5689-3132-8　定价：49.00元

FOREWORD

前　言

MySQL数据库是当今主流关系型数据库之一，它开源、体积小、功能全，支持Windows、Linux、macOS等操作系统。一般中小型网站、应用系统选用MySQL数据库，MySQL全球数据库应用排名仅次于Oracle，占有较大市场份额。

本书以数据库管理员、软件开发人员的视角，从认识MySQL、搭建MySQL开发环境，到建库、建表、操作数据、查询记录，再到索引、视图、函数、存储过程等知识点渐次递进进行编写，涵盖数据库技术原理与应用的主要内容。本书基于软件开发人员使用数据库的工作过程来组织编排教学内容，实用、必需。以项目任务为载体，通过7个模块30个任务，从简单到复杂，从入门到精通，帮助读者实现能力递进提升。

本书是理实一体化教材，“举一仿三”，原则上每举一个示例，会提供多个类似问题，供读者模仿操作，先“仿”后“反”，最终达到举一反三的教学目的，确保全面掌握MySQL数据库操作技能。本书既是数据库技术初学者的练兵教材，也可以作为程序员日常数据库应用的工作手册；支持读者线上自学，也支持老师线下示例讲授。本书增设“拓展阅读”版块，介绍国产数据库的发展状况，融合思政元素，增强读者数据库国产自主可控意识。

本书由曾鸿、胡德洪、陈伟华担任主编，杨晓、熊绍刚、刘莉莉、代颖担任副主编。书中模块1、模块2由曾鸿编写，模块3由胡德洪编写，模块4由刘莉莉编写，模块5由代颖编写，模块6、模块7由陈伟华编写。本书“拓展阅读”中有关国产数据库的描述和数据主要来源于“墨天轮”网站和中国信息通信研究院。感谢湖北美和易思教育科技有限公司欧阳宏、何静提出的修改建议，感谢襄阳拓软网络科技有限公司提供的真实项目素材，感谢襄阳汽车职业技术学院胡德洪以及湖北国土资源职业学院杨晓参与编审工作。本书参考学时如下：

模块	内容	学时
模块1	认识MySQL	4
模块2	创建和管理MySQL数据库与表	8
模块3	增、删、改MySQL记录	2
模块4	查询MySQL记录	14
模块5	创建和管理MySQL索引与视图	4

续表

模块	内容	学时
模块 6	创建和使用 MySQL 函数、存储过程和触发器	14
模块 7	管理 MySQL 用户	2
合计		48

本书所有参编人员常年参与社会服务软件开发项目研发工作，项目实战经验丰富；每年均承担 MySQL 数据库课程的教学任务，教学经验丰富。由于时间仓促，书中难免存在疏漏和不足之处，敬请广大读者批评指正。

编　者

2021 年 9 月

CONTENTS

目　录

模块1　认识 MySQL

【知识目标】

- 了解数据库的几个基本概念。
- 理解数据库模型。
- 了解当前国内外主流数据库。
- 掌握 MySQL 下载与安装方法。
- 掌握 MySQL 安装后的目录结构。

【技能要求】

- 能借助互联网搜索数据库相关知识。
- 会在 Windows 系统中安装 MySQL。
- 会在远程 Linux 服务器下安装 MySQL。
- 能熟练启动与停止 MySQL 服务。
- 会使用第三方工具连接 MySQL 数据库。

任务1.1　什么是数据库

1.1.1　数据库的基本概念

(1)数据

数据(Data)是指对客观事件进行记录并可以鉴别的符号,是对客观事物的性质、状态以及相互关系等进行记载的物理符号或这些物理符号的组合。数据不仅仅包括数字、文字、图形、图像、声音、档案记录等,还包括可识别的、抽象的符号。

(2)数据库

数据库(Database,DB)就是一个结构化的数据集,即按照一定数据结构来组织、存储和管理的数据仓库。进行药品管理的有药品数据库,管理学校的有固定资产数据库、学生数据库、职工数据库等。

数据库技术产生于20世纪60年代,主要用于有效地管理和存储大量的数据资源。随着信息技术和市场的发展,特别是20世纪90年代以后,数据管理不再仅仅是存储和管理数据,而是转变成用户所需要的各种数据管理的方式。

(3)数据表

数据表是数据库中用来存储数据的对象,是有结构的数据集合,关系型数据库的表由记录组成,我们可以向其中填入一条条数据。

(4)数据库管理系统

数据库管理系统(Database Management System,DBMS)是实现对数据库资源有效组织、管理和存取的系统软件,它不仅具有最基本的数据管理功能,还能保证数据的完整性、安全性和可靠性。

(5)数据库应用程序

数据库应用程序(Database Application)是为了提高数据库系统的处理能力所使用的管理数据库的软件补充,负责与 DBMS 进行通信,访问和管理 DBMS 中存储的数据,允许用户插入、修改、删除数据库中的数据。

(6)数据库系统

数据库系统(Database System,DBS)是指在计算机系统中引入数据库后的系统,一般由硬件和软件共同构成。硬件主要用于存储数据库中的数据,包括计算机、存储设备等。软件部分主要包括数据库管理系统、支持数据库管理系统运行的操作系统以及支持多种语言进行应用开发的访问技术等。

1.1.2 常见的数据模型

反映客观事物及其之间的联系一般用数据模型来描述,数据模型是指数据库中数据的存储结构,用于描述数据、组织数据和对数据进行操作,是对现实世界数据特征的描述。目前应用在数据库系统中的数据模型有三种,即层次模型、网状模型和关系模型。

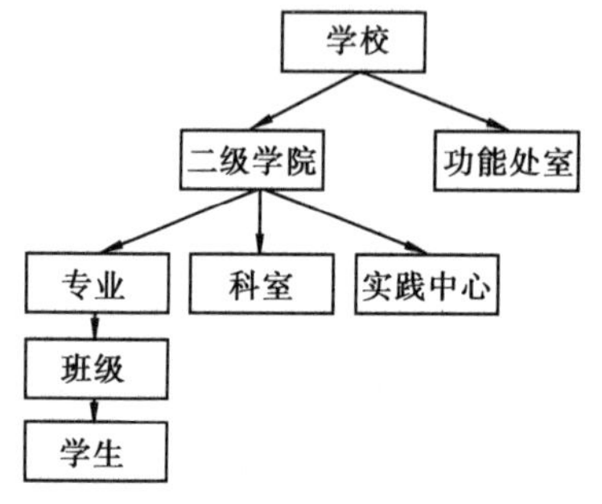

图 1.1 学校层次模型数据结构

(1)层次模型

层次模型是数据库系统中最早出现的数据模型。层次数据库系统的典型代表是 IBM 公司的 IMS(Information Management System)数据库管理系统,曾经得到广泛使用。层次模型是按照层次结构的形式组织数据库数据的数据模型,用树形结构来表示各类实体以及实体间的联系。现实世界中许多实体之间的联系本来就呈现一种很自然的层次关系,如家族关系、军队编制、行政机构等。如图 1.1 所示是某学校层次模型数据结构。

层次模型数据库的优点是数据结构层次分明,不同层次的数据关系直接、简单;缺点是对于纵向扩展的数据,其节点之间很难建立横向关联,不利于数据库系统的管理和维护。

(2)网状模型

用图形(网形)结构来组织数据。允许节点可以有多个双亲或者没有双亲,这种模型描述事物及其联系的数据组织形式像一张网。图 1.2反映了老师与课程之间的对照关系。

网状模型的优点是它能很容易地反映实体之间的关联关系,同时也避免了数据的重复性;缺点是数据节点之间关系错综复杂,数据库系统很难对结构中的关联性进行维护。

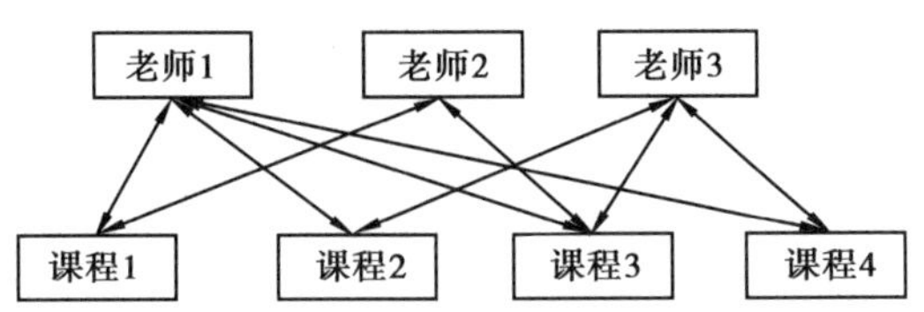

图 1.2 老师与课程之间的对照关系

(3)关系模型

使用表格表示实体和实体之间关系的数据模型称为关系模型。在关系模型中,基本数据结构就是一张二维表,如课表、成绩表、点名册等,如表 1.1 所示是一张学生信息表。关系型数据库是目前被普遍使用的数据库,如 MySQL 就是一种流行的关系型数据库,支持关系数据模型的数据库管理系统称为关系型数据库管理系统。

表 1.1 学生信息表

序号	学号	姓名	性别	民族	政治面貌	毕业学校	家庭地址
1	1001	张三	男	汉	党员	四中	A 地
2	1002	李四	女	回	团员	五中	B 地

关系模型的优点:

数据结构单一。关系模型中,不管是实体还是实体之间的联系,都用关系来表示,而关系都对应一张二维数据表,数据结构简单、清晰。

关系规范化,并建立在严格的理论基础上。关系的基本规范要求关系中每个属性不可再分割,同时关系建立在严格的数据概念基础上,具有坚实的理论基础。

概念简单,操作方便。关系模型最大的优点就是简单,用户容易理解和掌握,一个关系就是一张二维表格,用户只需用简单的查询语言就能对数据库进行操作。

在大数据时代,通常将数据库分为两种类型,分别是关系型数据库和非关系型数据库。

任务 1.2 了解主流数据库

随着数据库技术的快速发展,特别是大数据技术的广泛应用,数据库产品越来越多,当前主流数据库包括 Oracle、SQL Server、DB2、Sybase、MongoDB、MySQL 等。国产数据库发展也非常快,如 TiDB、达梦(DM)等也在有关领域得到深入应用。

1.2.1 国外数据库

(1)Oracle 数据库

Oracle 数据库系统是美国 Oracle 公司提供的以分布式数据库为核心的一组软件产

品,是目前最流行的客户/服务器(Client/Server)或B/S体系结构的数据库之一。Oracle是一种高效率、较强可靠性、适应高吞吐量的数据库解决方案。Oracle数据库主要有4个版本,①企业版:它是最强大和最安全的版本,提供所有功能,包括卓越的性能和安全性;②标准版:它不需要企业版强大的软件包,为用户提供基本功能;③易捷版(XE):它是轻量级的,免费且功能有限的Windows和Linux版本;④Oracle Lite:专为移动设备而设计。

(2)SQL Server数据库

SQL Server是Microsoft公司推出的关系型数据库管理系统,它的版本有很多,版本不同,操作也会有些许不一样。如果用户需要一个免费的SQL Server数据库管理系统,就可以选择Compact版本或Express版本。

(3)DB2数据库

DB2是IBM公司开发的关系数据库管理系统,它有多种不同的版本,如DB2工作组版(DB2 Workgroup Edition)、DB2企业版(DB2 Enterprise Edition)、DB2个人版(DB2 Personal Edition)和DB2企业扩展版(DB2 Enterprise-Exended Edition)等,这些产品基本的数据管理功能是一样的,区别在于是否支持远程客户能力和分布式处理能力。

(4)Sybase数据库

Sybase是美国Sybase公司研发的一种关系型数据库系统,是一种典型的UNIX或WindowsNT平台上客户机/服务器环境下的大型数据库系统。Sybase提供了一套应用程序编程接口和库,可以与非Sybase数据源及服务器集成,允许在多个数据库之间复制数据,适用于创建多层应用。系统具有完备的触发器、存储过程、规则以及完整性定义,支持优化查询,具有较好的数据安全性。

(5)MySQL数据库

MySQL是当前最流行的关系型数据库管理系统之一,它是由瑞典MySQL AB公司开发,目前属于Oracle旗下的产品。MySQL软件采用了双授权政策,分为社区版和商业版,由于其体积小、速度快、总体拥有成本低,尤其是开放源码这一特点,所以在Web应用方面受到广泛应用。

我们可以通过访问DB-Engines网站来获得数据库引擎的全球最新排名。

1.	Oracle	Relational, Multi-model
2.	MySQL	Relational, Multi-model
3.	Microsoft SQL Server	Relational, Multi-model
4.	PostgreSQL	Relational, Multi-model
5.	MongoDB	Document, Multi-model

图1.3　主流关系数据库最近排名

如图1.3所示,从最近排名可以看出,Oracle与MySQL数据库占有绝对优势地位。Oracle是大型数据库,而MySQL是中小型数据库,MySQL安装完后占用内存仅152MB,而Oracle有3GB左右,且使用的时候Oracle会占用特别大的内存空间。

1.2.2 国内数据库

(1)TiDB 数据库

TiDB 是平凯星辰(北京)科技有限公司(PingCAP)自主设计、研发的开源分布式关系型数据库,是一款同时支持在线事务处理与在线分析处理(Hybrid Transactional and Analytical Processing, HTAP)的融合型分布式数据库产品,具备水平扩容或者缩容、金融级高可用、实时 HTAP、云原生的分布式数据库、兼容 MySQL 5.7 协议和 MySQL 生态等重要特性。目标是为用户提供一站式 OLTP(Online Transactional Processing)、OLAP(Online Analytical Processing)、HTAP 解决方案。TiDB 适合高可用、强一致要求较高、数据规模较大等各种应用场景。今日头条、摩拜单车、凤凰网、游族网络等平台均采用了 TiDB 数据库。

PingCAP 成立于 2015 年,是一家企业级开源分布式数据库厂商,提供包括开源分布式数据库产品、解决方案与咨询、技术支持与培训认证服务,致力于为全球行业用户提供稳定高效、安全可靠、开放兼容的新型数据基础设施,解放企业生产力,加速企业数字化转型升级。由 PingCAP 创立的分布式关系型数据库 TiDB,是为企业关键业务打造的,具备分布式强一致性事务、在线弹性水平扩展、故障自恢复的高可用、跨数据中心多活等企业级核心特性,帮助企业最大化发挥数据价值,充分释放企业增长空间。目前,PingCAP 已经向包括中国、美国、日本、欧洲、东南亚等国家和地区,超过 1 500 家企业提供服务,涉及金融、运营商、制造、零售、互联网等多个行业。

(2)达梦(DaMeng,DM)数据库

达梦数据库管理系统是武汉达梦数据库股份有限公司推出的具有完全自主知识产权的高性能数据库管理系统,简称 DM。武汉达梦数据库股份有限公司成立于 2000 年,为中国电子信息产业集团有限公司(CEC)旗下基础软件企业,专业从事数据库管理系统的研发、销售与服务,同时可为用户提供大数据平台架构咨询、数据技术方案规划、产品部署与实施等服务。达梦公司建立了稳定有效的市场营销渠道和技术服务网络,可为用户提供定制产品和本地化原厂服务,充分满足用户的个性化需求。达梦公司产品已成功应用于金融、电力、航空、通信、电子政务等 30 多个行业领域。

(3)GBase 数据库

GBase 是天津南大通用数据技术股份有限公司推出的自主品牌的数据库产品,在国内数据库市场具有较高的品牌知名度。天津南大通用数据技术股份有限公司成立于 2004 年,注册资金 1.4 亿元,从成立之日起始终坚持国产数据库的自主研发和推广,为用户提供全栈国产数据库产品和服务。截至目前,南大通用已经为金融、电信、政务、能源、交通、国防、企事业等领域上万家用户提供了产品和服务。

(4) OceanBase 数据库

OceanBase 数据库是蚂蚁集团不基于任何开源产品，完全自主研发的原生分布式关系数据库软件，在普通硬件上实现金融级高可用，首创“三地五中心”城市级故障自动无损容灾新标准，具备卓越的水平扩展能力，是全球首家通过 TPC-C 标准测试的分布式数据库，单集群规模超过 1 500 节点。产品具有云原生、强一致性、高度兼容 Oracle/MySQL 等特性，承担支付宝平台 100%核心链路，在国内几十家银行、保险公司等金融客户的核心系统中稳定运行。

其他国产数据库还有华为云的 openGauss、中兴通讯的 GoldenDB、阿里云的 PolarDB、腾讯云 TcaplusDB 等，这里不一一介绍。

我们可以通过访问墨天轮数据社区网站来实时了解“墨天轮国产数据库流行度排名”情况，还可以深入了解国产主流数据库信息，包括主要应用领域、公司背景、数据库应用前景等，如图 1.4 所示。

排行			名称	类型	开源	信通院评测	得分		
本月	7月	6月					本月	7月	6月
1	1	1	TiDB +	分布式			630.21	+24.38	+45.78
2	2	2	OceanBase +	分布式			493.73	-27.22	+12.69
3	↑ 4	↑ 4	达梦 +	关系型	-		403.04	+28.60	+68.05
4	↓ 3	↓ 3	PolarDB +	云原生			399.49	-38.52	-67.33
5	5	↑ 6	openGauss +	关系型			329.43	-9.98	+57.48

图 1.4　国产数据库最近排名

任务 1.3　Windows 下安装维护 MySQL

1.3.1　下载 MySQL

进行 MySQL 开发必须先安装 MySQL 软件，一般到 MySQL 官网下载 MySQL 软件。进入 MySQL 下载页面，挑选你需要的 MySQL Community Server 版本及对应的平台，如图 1.5 所示。

MySQL 为主流操作系统提供了安装包，如 Microsoft Windows、Ubuntu Linux、Linux-Generic、Red Hat Enterprise Linux、MacOS 等。若需要早期版本，可以单击“Archives”选项卡进行版本选择。我们日常使用的大多是 Windows 操作系统，所以可以选择最新版的 Windows 安装包。Windows 下安装 MySQL 有两种方法：一种是安装版，可以根据安装向导一步步操作，安装较为简便；另一种是解压版，只需要输入几条命令，就能解决安装问题，相对安装版步骤更少，但需要熟悉一些常用的 DOS 命令。作为开发人员，我们还要求掌握 Linux，MacOS 下的 MySQL 安装方法。

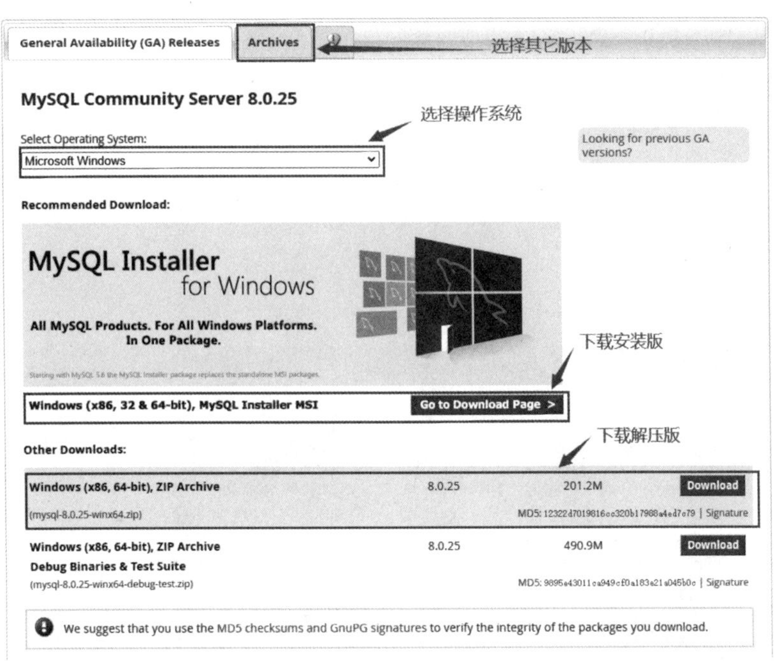

图 1.5　MySQL 下载页面

单击“Download”或选择某版本下载后进入下载页面，如图 1.6 所示。这个页面是询问是否登录或注册一个免费的 Oracle 账号，有三种下载选择，选择“Login”登录下载，或选择“Sign Up”注册后下载，或选择“No thanks, just start my download”直接下载。

Login Now or Sign Up for a free account.

An Oracle Web Account provides you with the following advantages:

- Fast access to MySQL software downloads
- Download technical White Papers and Presentations
- Post messages in the MySQL Discussion Forums
- Report and track bugs in the MySQL bug system

有Oracle账户登录下载

没有Oracle账户去注册一个

Login » using my Oracle Web account

Sign Up » for an Oracle Web account

MySQL.com is using Oracle SSO for authentication. If you already have an Oracle Web account, click the Login link. Otherwise, you can signup for a free account by clicking the Sign Up link and following the instructions.

No thanks, just start my download.

不登录Oracle账户，直接下载

图 1.6　是否登录 Oracle 账户

1.3.2　安装 MySQL

这里我们采用解压方法进行 MySQL 安装。下载文件 mysql-8.0.23-winx64.zip ，将其解压到 D 盘根目录下，目录名为 mysql-8.0.23-winx64，如图 1.7 所示。

图 1.7　MySQL 目录结构

以管理员身份启动 DOS 窗口，如图 1.8、图 1.9 所示。

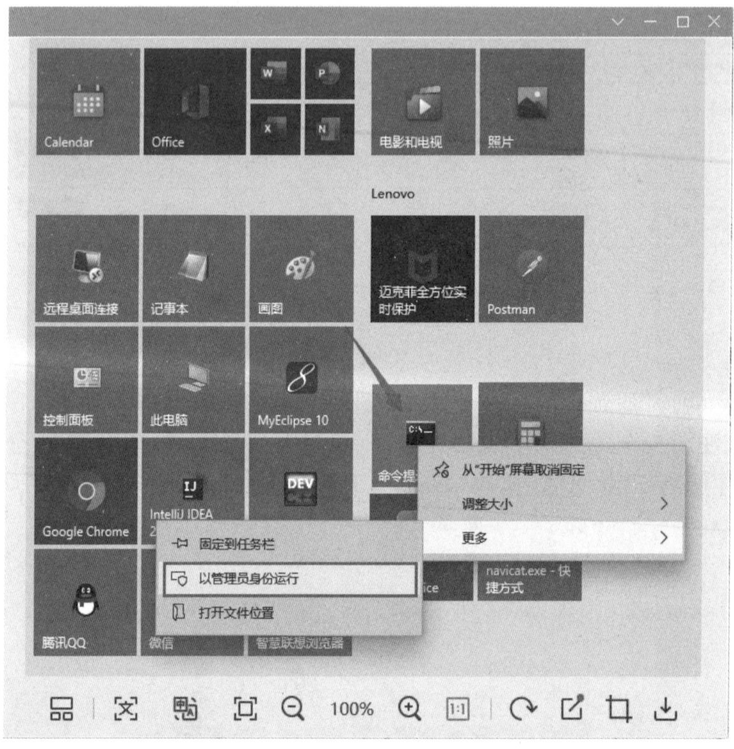

图 1.8　以管理员身份打开命令提示符窗口

图 1.9　DOS 窗口

输入"d:"回车，转到 D 盘，输入"cd mysql-8.0.23-winx64/bin"，进入 bin 目录中。

第一步：初始化 MySQL。使用命令：mysqld --initialize --console，如图 1.10 所示。这里方框中的字符串是随机初始密码。

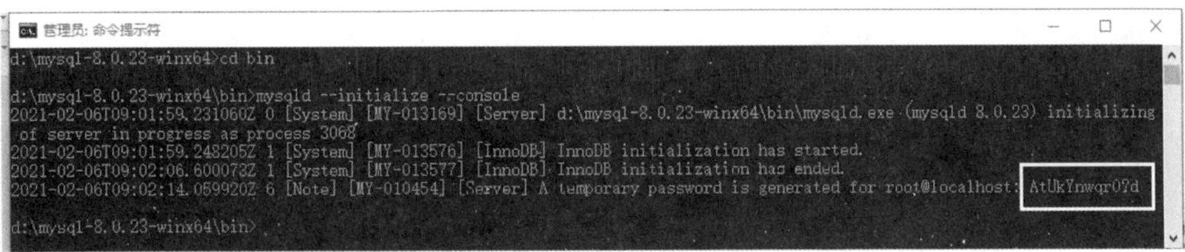

图 1.10　初始化 MySQL

第二步:安装 MySQL 服务。使用命令:mysqld --install,如图 1.11 所示。

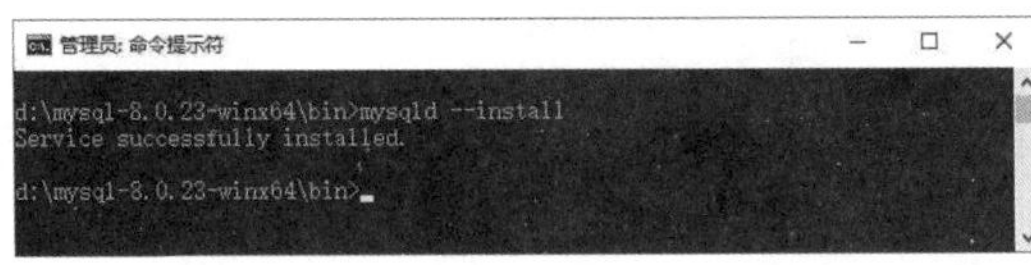

图 1.11　安装 MySQL 服务

第三步:启动 MySQL 服务。使用命令:net start mysql,如图 1.12 所示。

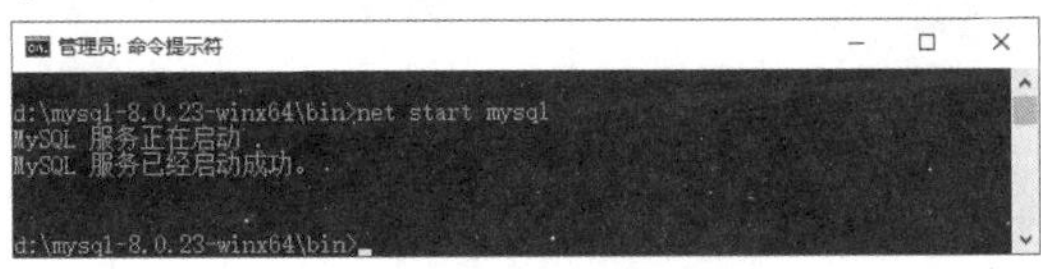

图 1.12　启动 MySQL 服务

第四步:登录 MySQL,并修改密码。使用命令:mysql -u root -p。密码为初始化时随机生成的密码,如图 1.13 所示。

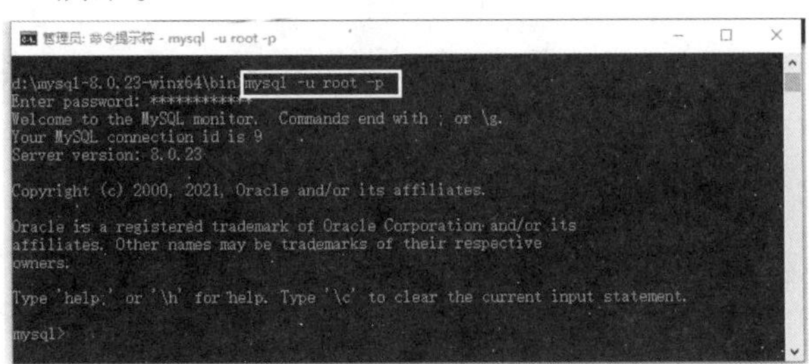

图 1.13　登录 MySQL 数据库

第五步:修改密码。使用命令:ALTER USER 'root'@'localhost' IDENTIFIED BY 'root';,这里将密码改为“root”,如图 1.14 所示。

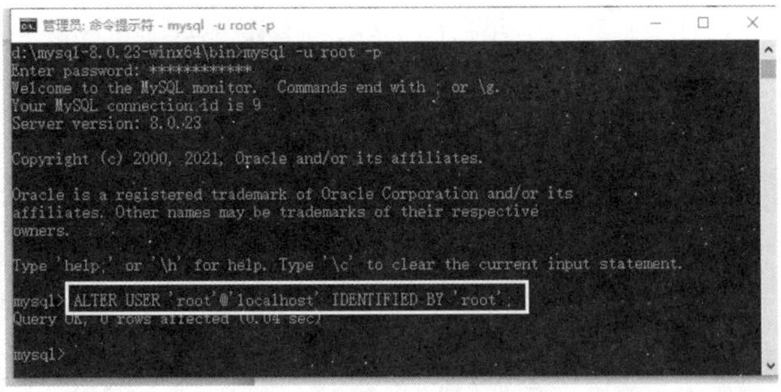

图 1.14　修改 MySQL 密码

至此,Windows 下安装 MySQL 完成。

课堂练习

①下载最新安装版 MySQL 软件。

②使用安装版安装 MySQL,端口号改为 3307。

1.3.3 启动/停止 MySQL 服务

在管理工具中管理 MySQL 服务。

打开 Windows 管理工具下的服务菜单项,如图 1.15 所示,可以在这里停止、暂停、重启 MySQL 服务。

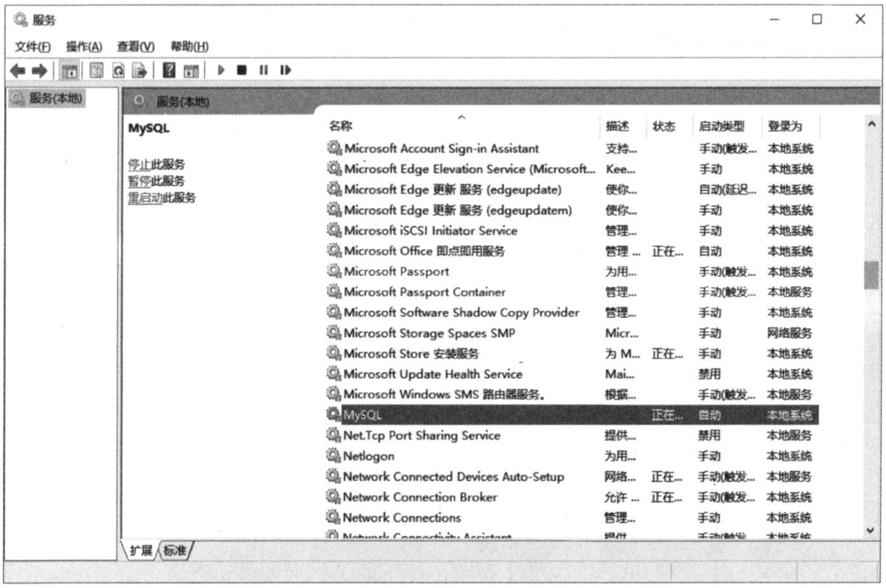

图 1.15 Windows 服务

也可以右键单击 MySQL 服务,打开属性窗口,在弹出的对话框中停止或启动服务,另外,还可以将启动类型改为自动、手动、禁止。

使用命令停止或启动 MySQL 服务。以管理员身份打开命令提示符窗口,使用命令:net start mysql,启动 MySQL 服务,如图 1.16 所示;使用命令:net stop mysql,停止 MySQL 服务,如图 1.17 所示。

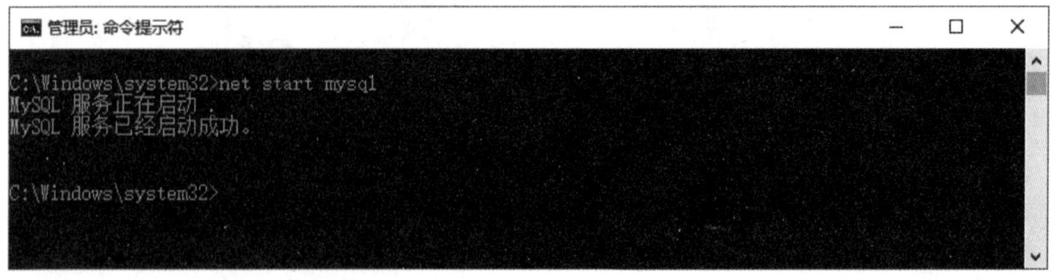

图 1.16 启动 MySQL 服务

图 1.17 停止 MySQL 服务

1.3.4 卸载 MySQL

第一步:停止 MySQL 服务。以管理员身份打开命令提示符窗口,输入命令:net stop mysql。

第二步:删除 MySQL 服务。输入命令:sc delete mysql,如图 1.18 所示。

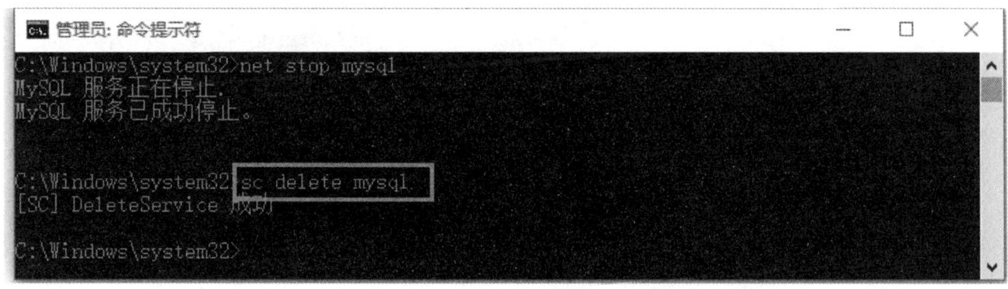

图 1.18 删除 MySQL 服务

第三步:删除 C 盘隐藏文件夹"C:\ProgramData\MySQL"。

第四步:删除注册表信息。按快捷键"Windows+R"打开"运行"对话框,输入"regedit"命令打开注册表窗口,删除文件:HKEY_LOCAL_MACHINE/SYSTEM/ControlSet001/Services/Eventlog/Application / MySQLD Service。

任务 1.4 使用 MySQL Workbench 数据库管理工具

MySQL 数据库本身提供了命令行客户端(MySQL Comman Line Clien)管理工具用于数据库的操作管理,操作比较简便,但欠缺直观性。在实际数据库管理与开发过程中,使用第三方 MySQL 图形化管理工具是普遍采用的一种操作方式。MySQL 图形化管理工具常用的工具有 MySQL GUI Tools、MySQL Workbench、SQLyog、Navicat for MySQL 等,本节主要介绍 MySQL Workbench 工具,MySQL Workbench 免费且功能强大,能够满足教学及一般实际应用需要。其他如 Navicat for MySQL 工具目前收费,只免费提供 14 天试用期。

1.4.1 下载 MySQL Workbench

MySQL Workbench 在 MySQL 官网下载，如图 1.19 所示。

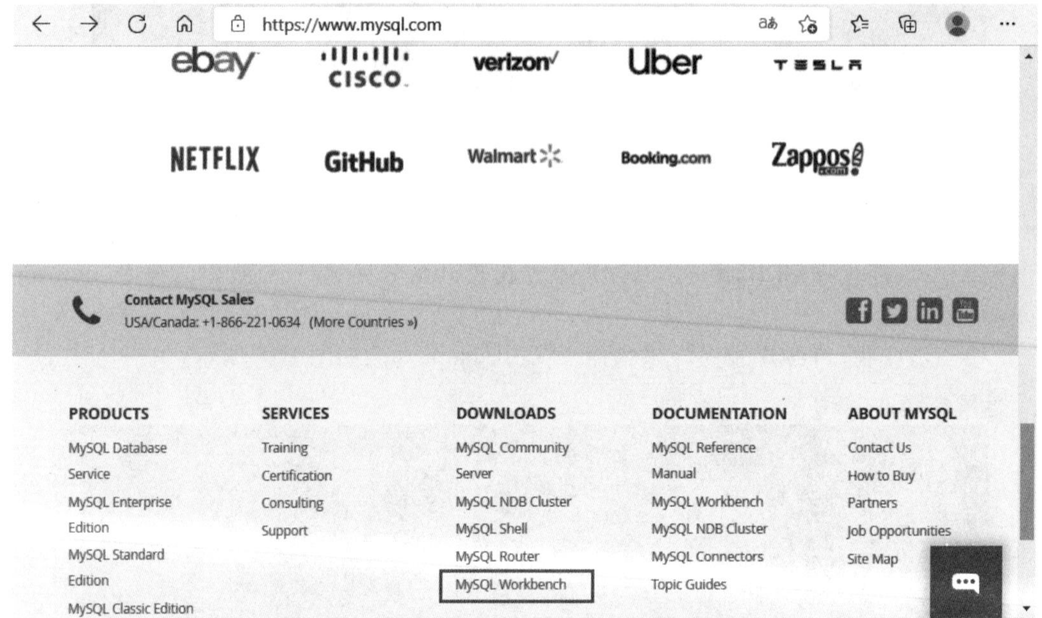

图 1.19 MySQL Workbench 下载首页

MySQL Workbench 是一款专为 MySQL 设计的集成化桌面软件，它为数据库管理员和开发人员提供了一整套可视化的数据库操作环境，主要功能有数据库设计与模型建立、SQL 开发（取代 MySQL Query Browser）、数据库管理（取代 MySQL Administrator）。MySQL Workbench 有两个版本，一是 MySQL Workbench Community Edition（也叫 MySQL Workbench OSS，社区版），MySQL Workbench OSS 是在 GPL 证书下发布的开源社区版本；二是 MySQL Workbench Standard Edition（也叫 MySQL Workbench SE，商业版本），MySQL Workbench SE 是按年收费的商业版本。MySQL 教学主要使用社区版，MySQL Workbench 的下载与 MySQL 软件下载类似，该软件支持 Windows 和 Linux 系统。

MySQL Workbench 的安装很简单，根据向导提示一步步安装即可。

1.4.2 使用 MySQL Workbench

打开 MySQL Workbench 软件，进入 MySQL Workbench 的初始界面，如图 1.20 所示。

MySQL Workbench 默认建立了与本地 MySQL 的连接，单击“local instance MySQL80”，弹出 Manage Server Connections 对话框，在这里可设定或修改连接名（Connection Name），指定 MySQL 服务器 IP（Hostname）和端口号（Port），输入用户名及密码，如图 1.21 所示。

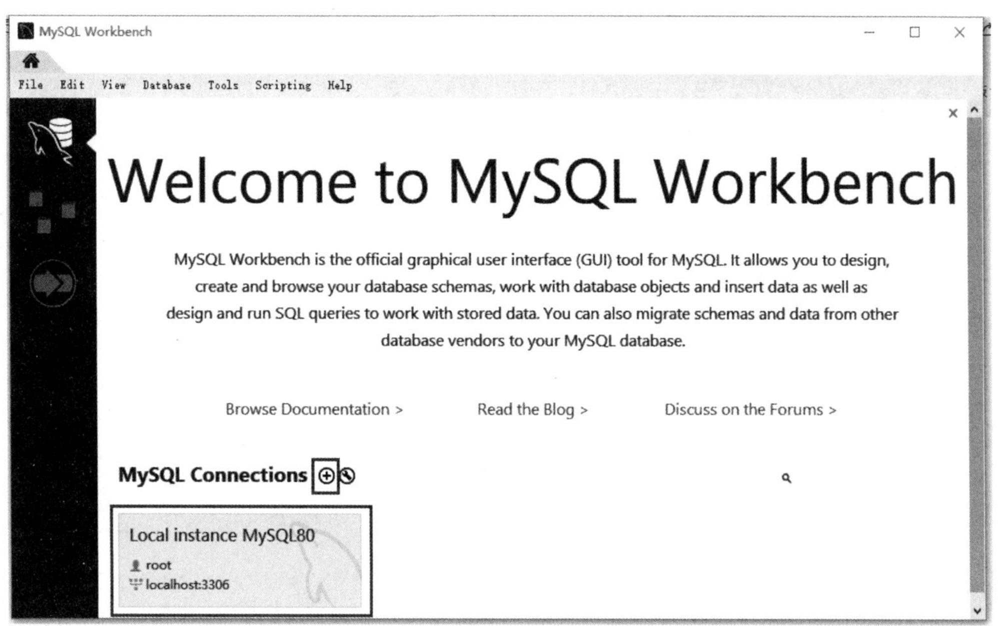

图 1.20 MySQL Workbench 首页

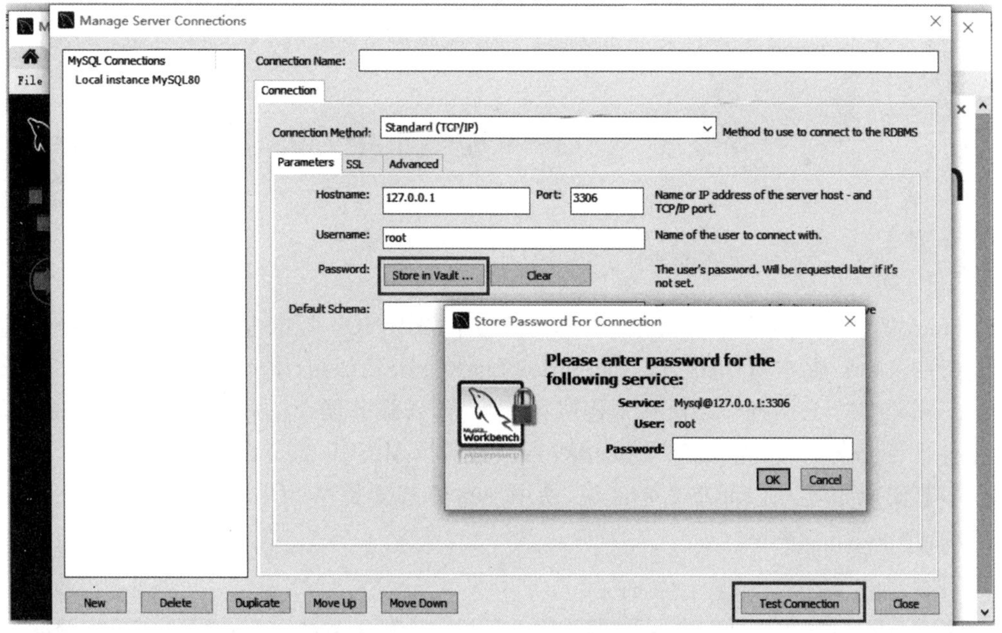

图 1.21 MySQL Workbench 连接数据库

进入 MySQL Workbench 主界面，如图 1.22 所示。在 MySQL 中，SCHEMAS 相当于 DATABASES的列表。

在 Workbench 中我们可以进行创建数据库、创建数据表、创建查询、备份数据库等操作。

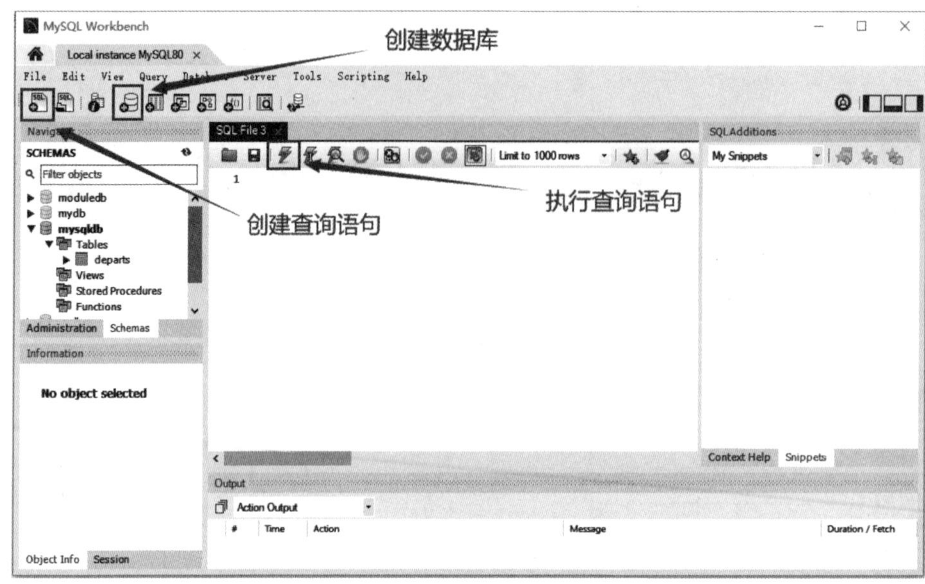

图 1.22　MySQL Workbench 主界面

课堂练习

使用 Workbench 连接任务 1.3 中安装的端口号改为 3307 的 MySQL 数据库。

任务 1.5　Linux 下安装维护 MySQL

1.5.1　CentOS 云服务器安装 MySQL

Linux 操作系统的发行版很多，不同发行版下的 MySQL 版本也是不同的。MySQL 主要支持的 Linux 版本有 Red Hat Enterprise Linux、SUSE Linux Enterprise Server、Ubuntu、CentOS 等。如今云服务应用已非常普遍，租用一台云服务器，既方便本职工作，也便于教学和科研等工作。本节主要介绍 CentOS 云服务器下 MySQL 的安装与维护。

本节安装环境为 CentOS 8.4 64 位，使用 yum 方式安装 MySQL。

(1) 更新 yum 库

命令：yum update，如图 1.23 所示。

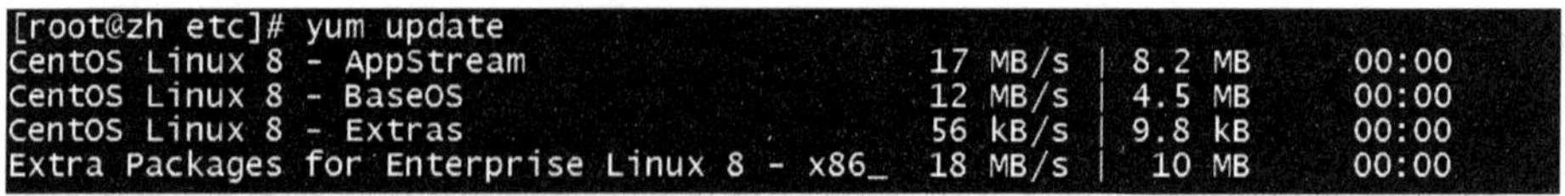

```
[root@zh etc]# yum update
CentOS Linux 8 - AppStream                          17 MB/s | 8.2 MB     00:00
CentOS Linux 8 - BaseOS                             12 MB/s | 4.5 MB     00:00
CentOS Linux 8 - Extras                             56 kB/s | 9.8 kB     00:00
Extra Packages for Enterprise Linux 8 - x86_        18 MB/s |  10 MB     00:00
```

图 1.23　更新 yum 库

(2) 安装 MySQL

命令：yum install -y mysql-server，如图 1.24 所示。

```
[root@zh etc]# yum install -y mysql-server
Last metadata expiration check: 0:07:11 ago on Sat 24 Jul 2021 04:24:22 PM CS
T.
Dependencies resolved.
================================================================================
 Package           Arch    Version                                 Repo       Size
================================================================================
Installing:
 mysql-server      x86_64  8.0.21-1.module_el8.2.0+493+63b41e36   appstream   22 M
Installing dependencies:
 mariadb-connector-c-config
                   noarch  3.1.11-2.el8_3                          appstream   15 k
 mecab             x86_64  0.996-1.module_el8.2.0+493+63b41e36.9 appstream 393 k
 mysql             x86_64  8.0.21-1.module_el8.2.0+493+63b41e36   appstream   12 M
```

图 1.24　安装 MySQL

注意

Linux 中 MySQL 8 默认表名、字段名是区分大小写的，若希望它不区分大小写，需做如下配置：

编辑 mysql-server.cnf 文件：

vim /etc/my.cnf.d/mysql-server.cnf

在 mysqld 节点的尾部添加：lower_case_table_names = 1

(3) 启动 MySQL 服务

命令：systemctl start mysqld。

(4) 登录 MySQL(不用密码)

命令：mysql -u root，如图 1.25 所示。

```
[root@zh ~]# mysql -u root
Welcome to the MySQL monitor.  Commands end with ; or \g.
Your MySQL connection id is 8
Server version: 8.0.21 Source distribution

Copyright (c) 2000, 2020, Oracle and/or its affiliates. All rights reserved.

Oracle is a registered trademark of Oracle Corporation and/or its
affiliates. Other names may be trademarks of their respective
owners.

Type 'help;' or '\h' for help. Type '\c' to clear the current input statement
.

mysql>
```

图 1.25　登录 MySQL

(5) 重置 root 密码

命令：alter user ' root '@' localhost ' identified by ' Xytr2020 ';。

重新登录时使用命令：mysql -u root -p。

设置允许所有的 IP 远程访问。

命令：use mysql; update user set host = '%' where user = ' root ';(图 1.26)。

(6) 刷新权限表

命令：flush privileges。

```
mysql> use mysql;
Reading table information for completion of table and column names
You can turn off this feature to get a quicker startup with -A

Database changed
mysql> update user set host='%' where user='root';
Query OK, 1 row affected (0.00 sec)
Rows matched: 1  Changed: 1  Warnings: 0

mysql>
```

图 1.26　设置远程访问

至此,我们就可以利用 MySQL Workbench 远程访问云服务器上的 MySQL 数据库了。

Linux 操作系统的 MySQL 软件包一般有三类,RPM 软件包、二进制软件包、源码包,安装方法大同小异,这里不再赘述。

课堂练习

①注册一个华为云账户,租一台适当配置的 ECS 云服务器。
②安装 MySQL 数据库。
③使用 Workbench 连接云服务器。

1.5.2　Linux 下维护 MySQL

在 CentOS 云服务器下管理维护 MySQL 需要熟悉一些操作命令。

(1)查询当前系统是否安装 MySQL

命令:rpm-qa | grep mysql。

```
[root@zh ~]# rpm -qa | grep mysql
mysql-common-8.0.21-1.module_el8.2.0+493+63b41e36.x86_64
mysql-errmsg-8.0.21-1.module_el8.2.0+493+63b41e36.x86_64
mysql-8.0.21-1.module_el8.2.0+493+63b41e36.x86_64
mysql-server-8.0.21-1.module_el8.2.0+493+63b41e36.x86_64
[root@zh ~]#
```

图 1.27　查看 MySQL 安装信息

如图 1.27 所示,当前系统上已安装 MySQL,若已安装的 MySQL 版本较低,可以先卸载,再重新安装高版本的。

(2)查看 MySQL 服务状态

命令:service mysqld status。

```
[root@zh ~]# service mysqld status
Redirecting to /bin/systemctl status mysqld.service
● mysqld.service - MySQL 8.0 database server
   Loaded: loaded (/usr/lib/systemd/system/mysqld.service; disabled; vendor preset: disabled)
   Active: active (running) since Tue 2021-11-16 15:29:19 CST; 1 months 9 days ago
 Main PID: 100041 (mysqld)
   Status: "Server is operational"
    Tasks: 49 (limit: 11402)
   Memory: 579.2M
   CGroup: /system.slice/mysqld.service
           └─100041 /usr/libexec/mysqld --basedir=/usr

Nov 16 15:29:17 zh systemd[1]: mysqld.service: Succeeded.
Nov 16 15:29:17 zh systemd[1]: Stopped MySQL 8.0 database server.
Nov 16 15:29:17 zh systemd[1]: Starting MySQL 8.0 database server...
Nov 16 15:29:19 zh systemd[1]: Started MySQL 8.0 database server.
[root@zh ~]#
```

图 1.28　查看 MySQL 服务状态

(3)启动/停止 MySQL 服务

停止服务命令:service mysqld stop。

启动服务命令:service mysqld start。

重启服务命令:service mysqld restart。

本地 MySQL Workbench 要连接远程 MySQL,只需在创建连接时主机 Hostname 输入 MySQL 服务器地址,使用创建的 MySQL 用户登录即可,如图 1.29 所示。

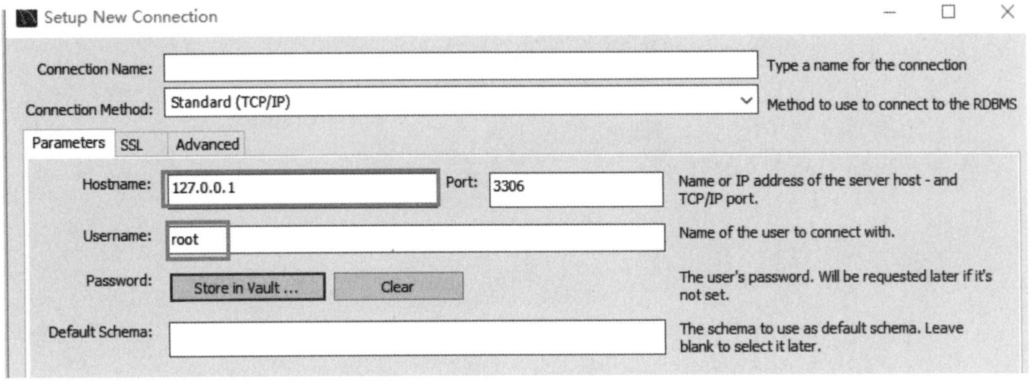

图 1.29 连接远程 MySQL 服务器

拓展阅读:国产数据库不畏艰险仍向前

在数据库领域,国产数据库发展还比较缓慢,在高安全领域应用较多,而在金融机构领域应用较少。国产数据库长期被 Oracle、IBM、MySQL 这类产品挤压,随着中美贸易战的升级,国家鼓励软件国产化,国产软件越来越被重视,这将是一大转变契机。在国产数据库的 OLTP 领域,华为、阿里、腾讯等厂商有技术优势和资金优势,同时也有生态和渠道的优势。创业公司进入 OLTP 领域的门槛非常高,而在 OLAP 领域,建立新一代数据仓库以及 NoSQL 数据库方面,未来会涌现更多的创业公司,这可能是很多投资机构接下来要重点关注的方向。

数据库的研发与应用场景密切相关。截至 2020 年,我国数字经济规模已近 5.4 万亿美元,居世界第二位,涌现了大量新零售、新金融、新制造等数字业务场景,而这些场景从创新程度、创新规模和用户体量来看,都居世界前列。随着消费互联网向产业互联网的推进,消费互联网的数据库技术也在向产业和企业互联网场景演化,特别是工业互联网、车联网、物联网等大规模产业和企业互联网,都为数据库创新提供了前所未有的机遇。

《中共中央国务院关于构建更加完善的要素市场化配置体制机制的意见》中第六部分标题为“加快培育数据要素市场”,这标志着中央给“数据”以新的历史定位,不再视其为信息化的产物,而是上升到了生产要素的重要地位。数据要素的新定位,将为中国数据库技术发展释放政策红利,数据库与数据分析将是被长期看好的创业投资领域。

思考题

①什么是数据库？什么是 DBMS？什么是关系型数据库？

②什么是 NoSQL 数据库？

③Oracle 和 MySQL 的区别是什么？Windows 下启动和停止 MySQL 服务的命令是什么？

④Linux 下启动和停止 MySQL 服务的命令是什么？

⑤“root”用户信息在哪个数据库哪个数据表中？如何修改其密码？

⑥列出 MySQL 常用的几款图形化管理工具。

⑦刷新权限表的命令是什么？

模块2　创建和管理MySQL数据库与表

【知识目标】

- 了解MySQL自带的几个数据库的作用。
- 掌握MySQL创建及维护数据库的方法。
- 掌握常用数据类型含义及适用范围。
- 掌握创建数据表的语法结构。
- 理解每一种数据完整性约束的作用和意义。

【技能要求】

- 会使用命令和可视化两种方式创建数据库。
- 能熟练导入导出数据库。
- 会修改数据库字符集和删除数据库。
- 能根据实际需求正确创建数据表。
- 能熟练修改、复制表结构和导入导出数据表。
- 会使用MySQL Workbench绘制E-R图。
- 能正确操作实现E-R图与数据库间的相互转换。

任务2.1　创建数据库

2.1.1　查看数据库

(1) show databases;

在MySQL命令提示符窗口中查看数据库的命令是:show databases;,如图2.1所示。

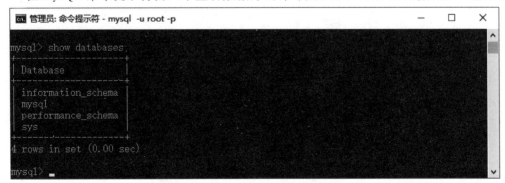

图2.1　查看数据库

使用 MySQL Workbench 工具登录连接成功后，左侧 SCHEMAS 面板显示当前系统中已有数据库，如图 2.2 所示。

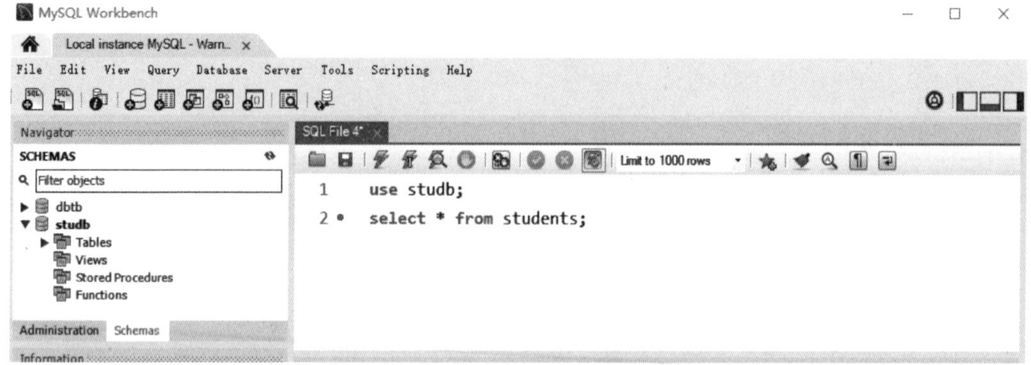

图 2.2 MySQL Workbench 主界面

若使用 Navicat for MySQL 工具，连接成功后，在左侧连接区域即显示所有数据库，如图 2.3 所示。

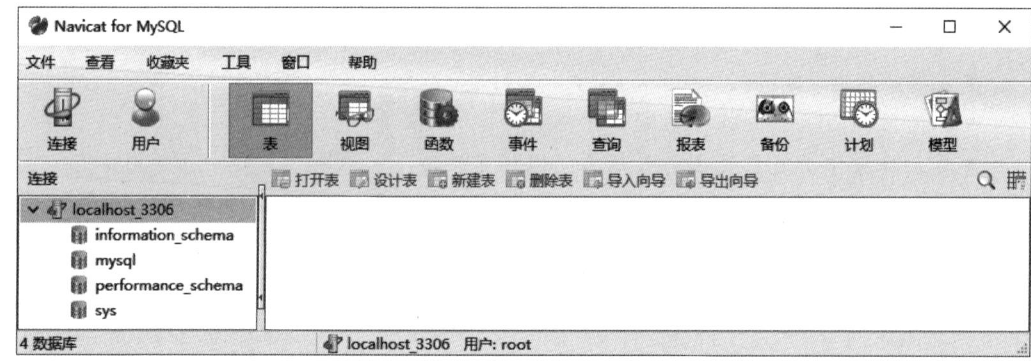

图 2.3 Navicat for MySQL 主界面

(2)MySQL 自带数据库

MySQL 安装成功后，会发现系统已存在 4 个数据库，分别是 information_schema、mysql、performance_schema、sys。

information_schema：information_schema 提供了访问数据库元数据的方式。所谓元数据是关于数据的数据，如数据库名或表名、列的数据类型、访问权限等。有时用于表述该信息的其他术语包括“数据词典”和“系统目录”。换句话说，information_schema 是一个信息数据库，保存了 MySQL 服务器维护的所有其他数据库的信息，如数据库名、数据表、列的数据类型或访问权限等。

MySQL：它是 MySQL 的核心数据库，主要负责存储数据库的用户、权限设置、关键字等 MySQL 需要使用的控制和管理信息。

performance_schema：主要用于收集数据库服务器性能参数。并且库里表的存储引擎均为 performance_schema，而用户不能创建存储引擎为 performance_schema 的表。

Sys：Sys 库所有的数据源来自 performance_schema。目标是把 performance_schema 的复杂度降低，让数据库管理员能更好地阅读这个库里的内容，更快地了解数据库的运行情况。

2.1.2 创建数据库

（1）Create database 语句

在 MySQL 中，可以使用 CREATE DATABASE 语句创建数据库，语法格式如下：

```
CREATE DATABASE [IF NOT EXISTS] <数据库名>
[[DEFAULT] CHARACTER SET <字符集名>]
[[DEFAULT] COLLATE <校对规则名>];
```

[ ]中的内容是可选的。语法说明如下：

- <数据库名>：创建数据库的名称。MySQL 的数据存储区将以目录方式表示 MySQL 数据库，因此数据库名称必须符合操作系统的文件夹命名规则，尽量要有实际意义。注意在 MySQL 中不区分大小写。
- IF NOT EXISTS：在创建数据库之前进行判断，只有该数据库目前尚不存在时才能执行操作。此选项可以用来避免数据库已经存在而重复创建的错误。
- [DEFAULT] CHARACTER SET：指定数据库的字符集。字符集是用来定义 MySQL 存储字符串的方式，其目的是避免在数据库中存储的数据出现乱码。如果在创建数据库时不指定字符集，那么就使用系统的默认字符集。
- [DEFAULT] COLLATE：指定字符集的默认校对规则。校对规则定义了比较字符串的方式。

示例 2.1

创建一个名为 mydb 的数据库。

```
CREATE DATABASE mydb;
```

课堂练习

①创建班级管理数据库。
②创建班委数据库。
③创建团委数据库。

示例 2.2

创建一个名为 mydb2 的数据库，指定字符集为 UTF-8，校对规则为 utf8_general_ci（不区分大小写)。

```
CREATE DATABASE IF NOT EXISTS mydb2
DEFAULT CHARACTER SET utf8
DEFAULT COLLATE utf8_general_ci;
```

课堂练习

①创建院部管理数据库 DEPARTDB。
②创建专业教师数据库 TEACHERDB。
③创建学管教师数据库 MANAGEDB。

(2)使用 MySQL Workbench 创建数据库

使用 MySQL Workbench 来创建数据库,单击工具栏"create a now schema in the connected server"按钮,或在左侧 SCHEMAS 工具箱的空白处右键单击"Create Schema..."菜单,如图 2.4 所示。输入数据库名,Defualt Charset 中选择"utf8",Default Collation 中可以选择"utf8_general_ci",如图 2.5 所示。然后单击"Apply"按钮完成数据库创建操作,生成数据库,如图 2.6 所示。

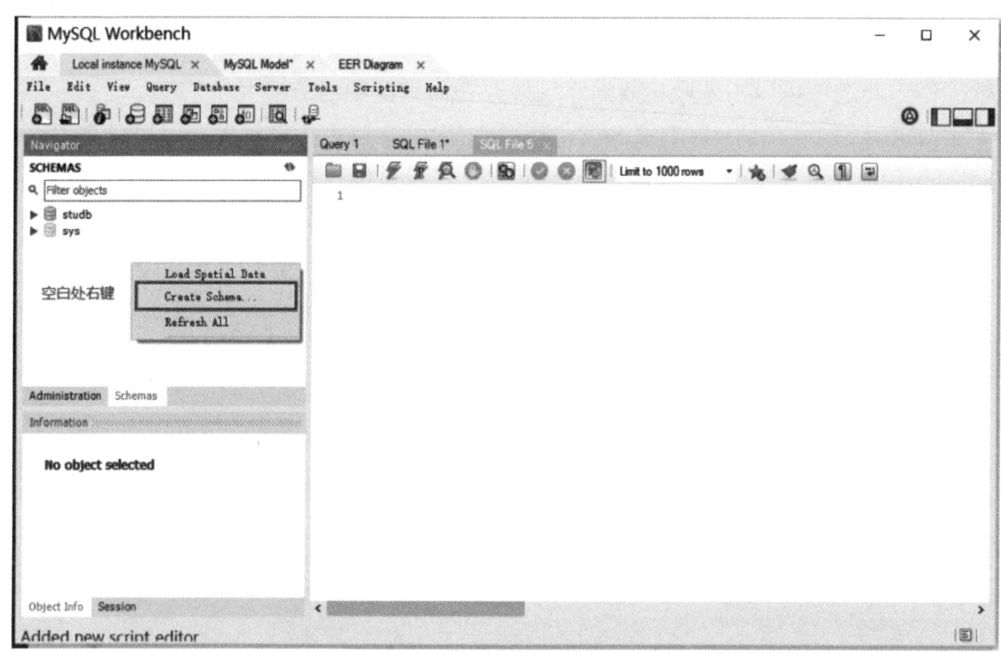

图 2.4　创建数据库

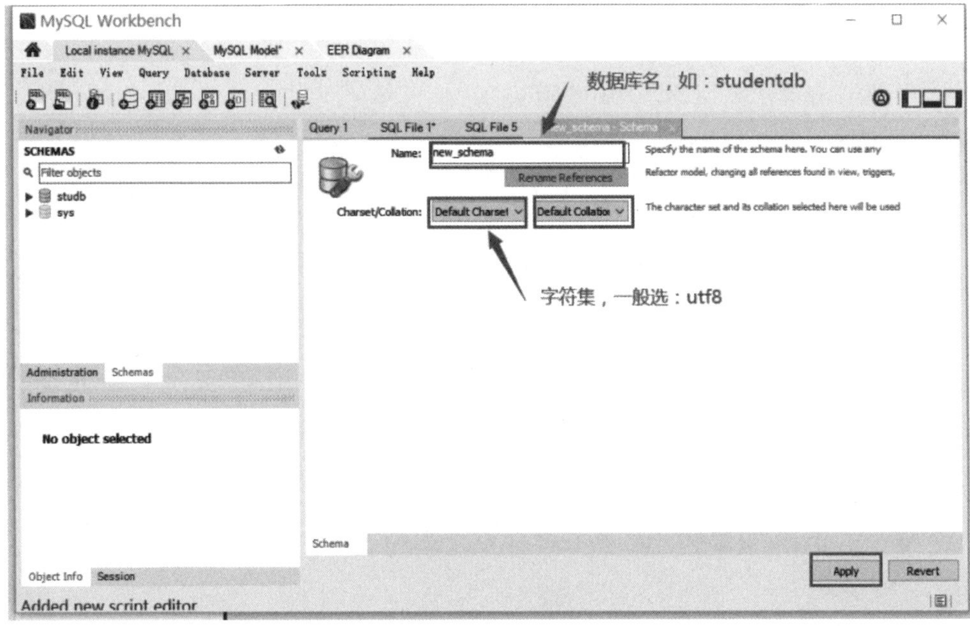

图 2.5　设置字符集

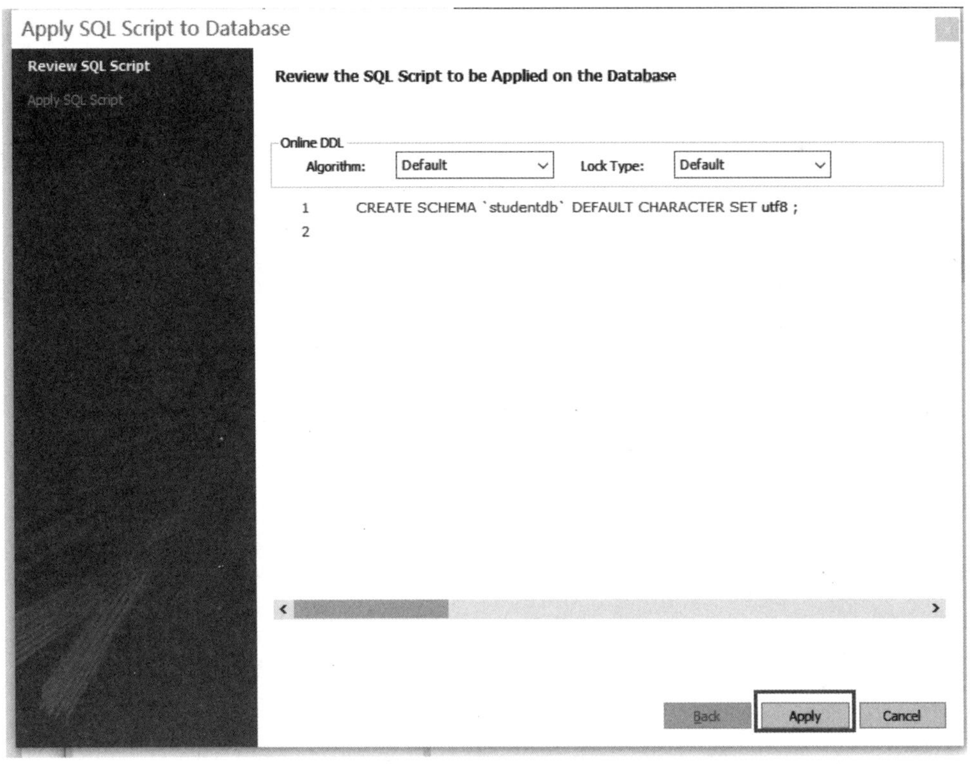

图 2.6　生成数据库

课堂练习

①创建课程管理数据库(COURSEDB)。
②创建教材管理数据库(BOOKDB)。
③创建实验室设备管理数据库(EQUIPMENTDB)。

任务 2.2　管理数据库

2.2.1　删除数据库

(1)使用 DROP DATABASE 语句删除数据库

在 MySQL 中,可以使用 DROP DATABASE 语句删除已创建的数据库。其语法格式为:

```
DROP DATABASE<数据库名>
```

示例 2.3

删除 mydb 数据库。

```
DROP DATABASE mydb;
```

课堂练习

删除个人已创建的部分数据库。

(2)在 MySQL Workbench 中删除数据库

选中要删除的数据库名,右键选择"Drop Schema..."。删除数据库之前要备份数据库,防止误删除。

课堂练习

删除个人已创建的部分数据库。

2.2.2　修改数据库默认字符集

(1)使用 ALTER DATABASE 命令

在 MySQL 中,不能修改已创建的数据库名,可以使用 ALTER DATABASE 来修改已经被创建或者存在的数据库的相关参数。修改数据库的语法格式为:

```
ALTER DATABASE 数据库名
[[DEFAULT] CHARACTER SET 字符集名]
[[DEFAULT] COLLATE 校对规则名];
```

示例 2.4

创建一个数据库,再修改其字符集配置。

```
CREATE DATABASE mydb;
ALTER DATABASE mydb
DEFAULT CHARACTER SET utf8
DEFAULT COLLATE utf8_general_ci;
```

课堂练习

修改个人已创建的部分数据库的字符集设置。

(2)使用 MySQL Workbench 修改数据库字符集

选中要修改的数据库,右键单击"Alter Schema...",如图 2.7 所示。在 Charset/Collation 选项中选择所要配置的字符集与校对规则,如图 2.8 所示。

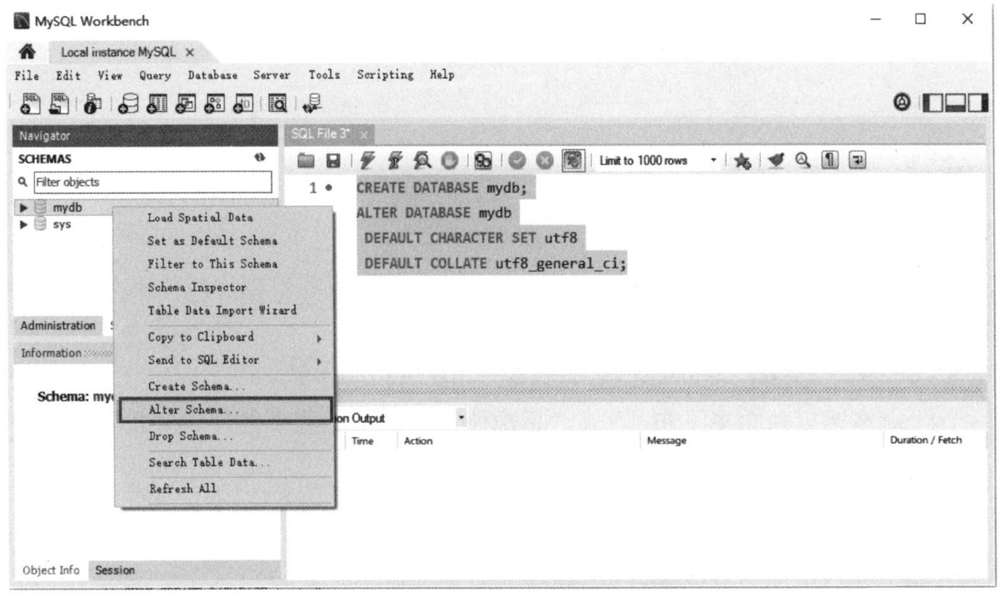

图 2.7　修改数据库参数

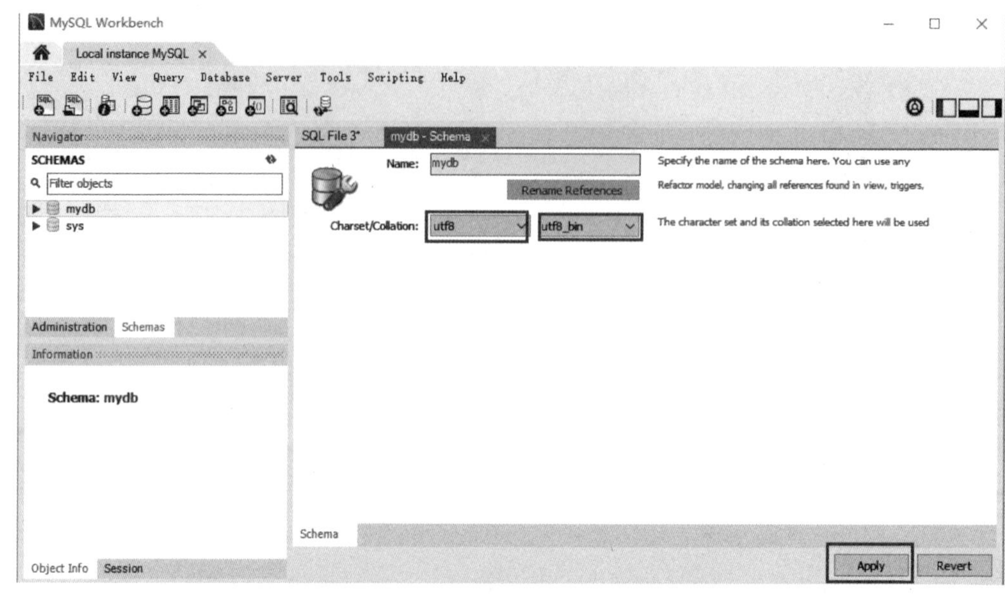

图 2.8　修改数据库的字符集与校对规则

注:要修改数据库名的话,可以先导出数据,再在导入时创建新的数据库名。

课堂练习

使用可视化方式修改自己创建的数据库的字符集参数。

2.2.3　导入导出数据库

MySQL 进行数据库移植,需要将数据库导入导出。

(1)导出数据库

如图 2.9 所示,选择"Export to Selt-Contained File",可以将数据库按外键关系一次性整体导出。

注:图 2.9 中 Export Options 选项,若选择"Export to Dump Project Folder"导出,则会生成一个目录,各表以独立文件方式存在。用这种方式导入时,需要按外键关系依次逐个导入,否则就会导入错误。

课堂练习

①以 Selt-Contained File 格式导出 2 个个人已创建的数据库。

②以 Dump Project Folder 选项导出 2 个个人已创建的数据库。

(2)导入数据库

如图 2.10 所示,选择"Import from selft-Contained File"导入 SQL 格式数据库。

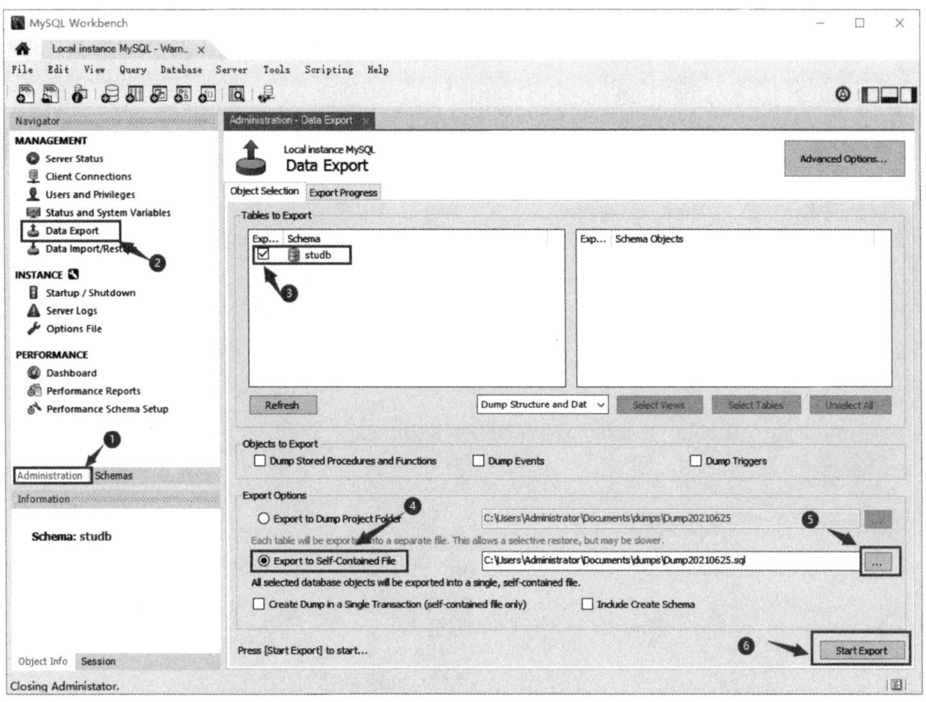

图 2.9　导出 SQL 格式数据库

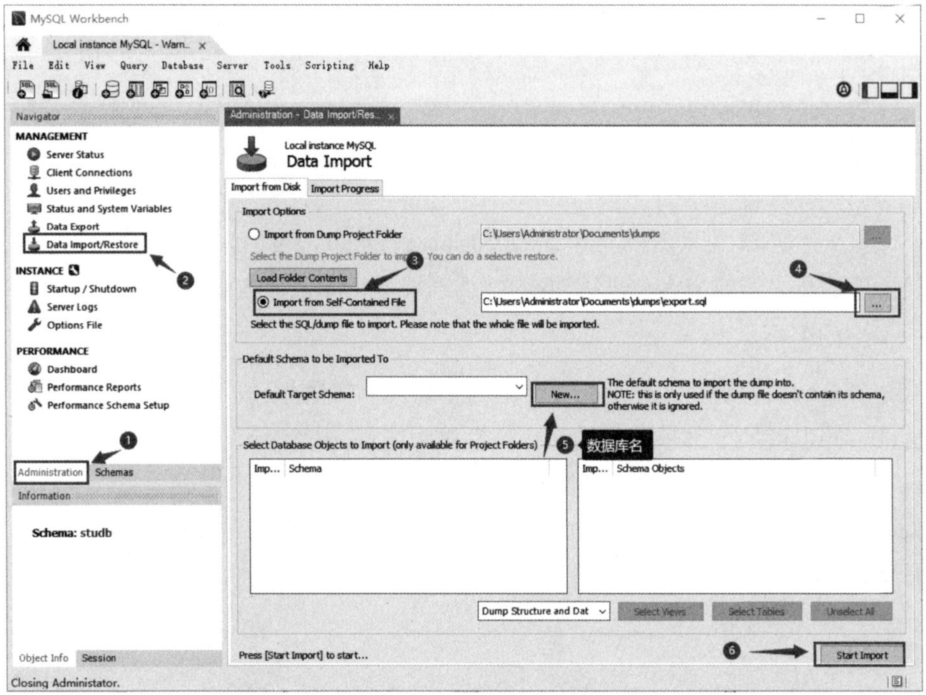

图 2.10　导入 SQL 格式数据库

课堂练习

①以 Selt-Contained File 格式导入前例导出的数据库。
②以 Dump Project Folder 选项导入前例导出的数据库。

(3)使用命令导出导入数据库

导出步骤:

在命令提示符窗口下进入 MySQL 的 bin 目录,输入导出数据库命令:

mysqldump -u 用户名 -p 密码 要导出的数据库名>导出路径数据库名.sql;

如:mysqldump -u root -p root xhxdb>d:\xhxdb.sql

导入步骤:

- 先创建一个库,如:aqdb
- 在命令提示符窗口下进入 MySQL 的 bin 目录,输入导入数据库命令:

mysql -u root -p 新创建的库 < 导入的数据库;

如:mysql -u root -p aqdb <d:\xhxdb.sql

课堂练习:

使用命令:
将创建的数据库导出,再更名导入。

2.2.4 E-R 图

E-R 图又称实体-关系图(Entity Relationship Diagram),常用来表示概念模型,主要用于项目团队成员之间或与客户进行沟通交流,开展数据库设计的需求分析。

(1)E-R 图画法

实体(Entity):客观存在并可相互区别的事物称为实体,一般用矩形框表示。

属性(Attribute):实体所具有的某一特性称为属性,一个实体往往由一个或多个属性来标识。E-R 图中用椭圆来表示属性。

关系(Relationship):关系是指实体与实体之间的联系,常用菱形框表示关系。

另外,实体与属性、实体与关系之间用直线连接,实体、属性、关系表示法如图 2.11 所示。

实体名　　属性名　　关系名

图 2.11　实体、属性、关系表示法

(2)实体关系

具有关联的两个实体之间,其关联关系可以分为如下三类。

一对一(1:1)关系:实体集A的每一个实体与实体集B某一实体对应,反之亦然。如班长实体集与班级实体之间就是一对一关系,一名班长只能属于某一个班级,一个班级也只能有一名班长。

一对多(1:N)关系:实体集A中的一个实体与实体集B中的多个实体存在对应关系,反之,实体集B中的一个实体只对应实体集A中某一个实体。如班级与学生之间就是一对多的关系,这种一对多的关系在实体之间也是普遍存在的。

多对多(M:N)关系:实体集A中的一个实体与实体集B中的n(n≥0)个实体对应,反之,实体集B中的一个实体与实体集A中的m(m≥0)个实体对应。如老师与课程实体集的关系,一名老师可以带多门课,一门课可以有多名老师带。

(3)数据库范式

为了建立冗余较小、结构合理的数据库,设计数据库时必须遵循一定的规则,范式(Normal Form,简称NF)就是指设计关系型数据库时要遵守的规则。根据数据库设计规范化程度可分为六大范式:第一范式(1NF)、第二范式(2NF)、第三范式(3NF)、巴斯-科德范式(BCNF)、第四范式(4NF)和第五范式(5NF,又称完美范式),后一范式都是建立在前一范式基础上的,一般应用系统的数据库设计满足第三范式就可以了。

- 第一范式

强调实体的属性具有原子性,即实体的每一个属性不能再划分出多项不同属性。第一范式(1NF)是对关系模式的设计基本要求,一般设计中都必须满足第一范式(1NF)。

- 第二范式

建立在第一范式基础上,第二范式(2NF)要求实体的每个实例都是互不相同的,即至少存在一个属性值不同。

- 第三范式

在第二范式基础上,实体的非主键属性必须直接依赖于主键属性,不能存在传递依赖。简而言之,就是一个实体的属性不能包含另一实体的非主键属性,避免字段冗余。

示例2.5

绘制二级学院(系院)、专业的E-R图,如图2.12所示。

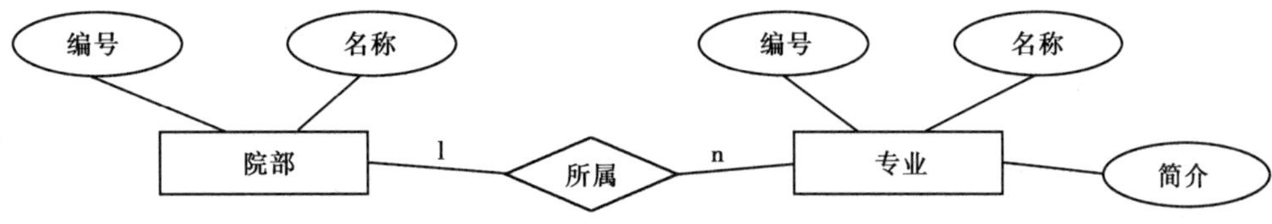

图2.12 院部与专业参考E-R图

院部实体有编号、名称属性,专业实体有编号、名称、简介和所属院部的属性。由于专业所属院部是一个实体,所以专业与院部建立归属关系,而不是把院部名称作为专业的一个属性。

课堂练习

绘制专业班级、班级学生的E-R图。
绘制系院课程、专业课程体系的E-R图。
绘制系院专业老师的E-R图。

任务2.3 创建数据表

数据表属于数据库的,在创建数据表之前,需要选择指导的数据库,或者使用语句“USE 数据库”命令打开数据库。本节所有表创建在一个名为MYDB的数据库中。

2.3.1 常用数据类型

在介绍数据表之前,需要了解数据类型。存储于数据库中的表就像一张Excel二维表,有行有列,行表示记录,列表示字段。列字段如姓名、年龄、创建时间等,可以以不同数据类型的格式来存储,姓名可以存储为字符串类型,年龄可以存储为数值类型,创建时间可以存储为日期时间类型等。MySQL常用的数据类型大致可以分为数值类型、字符串类型和日期时间类型等。

(1)数值类型

MySQL支持所有标准SQL中的数值类型,包括整数类型(TINYINT, SMALLINT, MEDIUMINT, INT, BIGINT)、浮点数(FLOAT, DOUBLE)与定点数类型(DECIMAL)。MySQL提供了多种整数类型,表2.1列举了不同的类型提供的不同取值范围,可以存储的值范围越大,所需的存储空间也会越大。

表2.1 整数类型

类型名称	存储需求	说明
TINYINT	1字节	(-128,127)
SMALLINT	2字节	(-32768,32767)
MEDIUMINT	3字节	(-8388608,8388607)
INT(INTEGER)	4字节	(-2147483648,2147483647)
BIGINT	8字节	大整数

MySQL 中使用浮点数和定点数来表示小数。浮点类型有两种,分别是单精度浮点数(FLOAT)和双精度浮点数(DOUBLE),定点类型只有一种,就是 DECIMAL。表 2.2 列出了 FLOAT、DOUBLE、DECIMAL 类型的存储字节数。

表 2.2 浮点数与定点数类型

类型名称	存储需求	说明
FLOAT	4 字节	单精度浮点数
DOUBLE	8 字节	双精度浮点数
DECIMAL(M,D)	M+2 字节	M 一般表示小数点左边限定的位数,D 表示小数点右边限定的位数

浮点数类型的取值范围为 M(1~255)和 D(1~30,且不能大于 M-2),分别表示显示宽度和小数位数。M 和 D 在 FLOAT 和 DOUBLE 中是可选的,FLOAT 和 DOUBLE 类型将被保存为硬件所支持的最大精度。DECIMAL 的默认 D 值为 0、M 值为 10。

(2)字符串类型

字符串类型主要用来存储字符串数据,除此之外,还可以存储如图片、声音等二进制字符数据。表 2.3 列出了 MySQL 中的字符串类型,主要有 CHAR、VARCHAR、TINYTEXT、TEXT、MEDIUMTEXT、LONGTEXT、ENUM、SET 等。

表 2.3 文本字符串类型

类型名称	存储范围	说明
CHAR(M)	1≤M≤255	固定长度非二进制字符串
VARCHAR(M)	1≤M≤255	可变长度,0~65535 个字符
TINYTEXT	L+1 字节,$L<2^8$	非常小的非二进制字符串
TEXT	L+2 字节,$L<2^{16}$	小的非二进制字符串
MEDIUMTEXT	L+3 字节,$L<2^{24}$	中等大小的非二进制字符串
LONGTEXT	L+4 字节,$L<2^{32}$	大的非二进制字符串
ENUM	1 或 2 个字节,取决于枚举值的数目 (最大值为 65535)	枚举类型,只能有一个枚举字符串值
SET	1、2、3、4 或 8 个字节,取决于集合成员的数量(最多 64 个成员)	一个设置,字符串对象可以有零个或多个 SET 成员

CHAR 和 VARCHAR 类型。CHAR(M) 为固定长度字符串,在定义时指定字符串列长。当保存时,在右侧填充空格以达到指定的长度。M 表示列的长度,范围是 0~255 个字符。VARCHAR(M) 是长度可变的字符串,M 表示最大列的长度,M 的范围是 0~65535。VARCHAR 的最大实际长度由最长的行的大小和使用的字符集确定,而实际占用的空间为字符串的实际长度加 1。

TEXT 类型。TEXT 列保存非二进制字符串,如文章内容、评论等。当保存或查询 TEXT 列的值时,不删除尾部空格。TEXT 类型分为 4 种:TINYTEXT、TEXT、MEDIUMTEXT 和 LONGTEXT。不同的 TEXT 类型的存储空间和数据长度不同。

ENUM 类型。ENUM 是一个字符串对象,值为表创建时在列规定中枚举的一列值。其语法格式为:<字段名> ENUM('值 1', '值 1', …, '值 n')。

SET 类型。SET 是一个字符串的对象,可以有零或多个值,SET 列最多可以有 64 个成员,值为表创建时规定的一列值。指定包括多个 SET 成员的 SET 列值时,各成员之间用“,”隔开。语法格式为:SET('值 1', '值 2', …, '值 n')。但与 ENUM 类型不同的是,ENUM 类型的字段只能从定义的列值中选择一个值插入,而 SET 类型的列可从定义的列值中选择多个字符的联合。

表 2.4 列出了 MySQL 中的二进制字符串类型,主要有 BIT、BINARY、VARBINARY、TINYBLOB、BLOB、MEDIUMBLOB 和 LONGBLOB。

表 2.4 二进制字符串类型

类型名称	存储范围	说明
BIT(M)	约 (M+7)/8 字节	
BINARY(M)	M 字节	固定长度二进制字符串
VARBINARY(M)	M+1 字节	可变长度二进制字符串
TINYBLOB(M)	L+1 字节,$L<2^8$	非常小的 BLOB
BLOB(M)	L+2 字节,$L<2^{16}$	小 BLOB
MEDIUMBLOB(M)	L+3 字节,$L<2^{24}$	中等大小的 BLOB
LONGBLOB(M)	L+4 字节,$L<2^{32}$	非常大的 BLOB

BIT 类型。位字段类型,M 表示每个值的位数,范围为 1~64。如果 M 被省略,默认值为 1。如果为 BIT(M) 列分配的值的长度小于 M 位,在值的左边用 0 填充。

BINARY 和 VARBINARY 类型。BINARY 和 VARBINARY 类型类似于 CHAR 和 VARCHAR,不同的是它们包含二进制字节字符串。BINARY 类型的长度是固定的,指定长度后,不足最大长度的,将在它们右边填充“\0”补齐,以达到指定长度。VARBINARY 类型的长度是可变的,指定好长度之后,长度可以在 0 到最大值之间。

BLOB 类型。BLOB 是一个二进制的对象,用来存储可变数量的数据。BLOB 类型分为 4 种:TINYBLOB、BLOB、MEDIUMBLOB 和 LONGBLOB,它们可容纳值的最大长度不同。BLOB 列存储的是二进制字符串(字节字符串),TEXT 列存储的是非二进制字符串(字符字符串)。BLOB 列没有字符集,并且排序和比较基于列值字节的数值;TEXT 列有一个字符集,并且根据字符集对值进行排序和比较。

(3)日期时间类型

MySQL 中有多种表示日期的数据类型:YEAR、TIME、DATE、DATETIME、TIMESTAMP。当只记录年信息的时候,可以只使用 YEAR 类型,如表 2.5 所示。

表 2.5 日期时间类型

类型名称	日期格式	说明
YEAR	YYYY	1 字节,1901~2155
TIME	HH:MM:SS	3 字节
DATE	YYYY-MM-DD	3 字节,1000-01-01~9999-12-31
DATETIME	YYYY-MM-DD HH:MM:SS	8 字节
TIMESTAMP	YYYY-MM-DD HH:MM:SS	4 字节

YEAR 类型是一个单字节类型,用于表示年,在存储时只需要 1 个字节。可以使用各种格式指定 YEAR。

TIME 类型用于只需要时间信息的值,在存储时需要 3 个字节。格式为 HH:MM:SS。HH 表示小时,MM 表示分钟,SS 表示秒。

DATE 类型用于仅需要日期值时,没有时间部分,在存储时需要 3 个字节。日期格式为 YYYY-MM-DD,其中 YYYY 表示年,MM 表示月,DD 表示日。

DATETIME 类型用于需要同时包含日期和时间信息的值,在存储时需要 8 个字节。日期格式为 YYYY-MM-DD HH:MM:SS,其中 YYYY 表示年,MM 表示月,DD 表示日,HH 表示小时,MM 表示分钟,SS 表示秒。

TIMESTAMP 的显示格式与 DATETIME 相同,显示宽度固定在 19 个字符,日期格式为 YYYY-MM-DD HH:MM:SS,在存储时需要 4 个字节。但是 TIMESTAMP 列的取值范围小于 DATETIME 的取值范围,为 '1970-01-01 00:00:01' UTC~'2038-01-19 03:14:07' UTC。在插入数据时,要保证在合法的取值范围内。

2.3.2 CREATE TABLE 语句

在 MySQL 中,使用 CREATE TABLE 语句创建数据表,基本格式为:

```
CREATE TABLE 表名(
    字段名1    数据类型    [约束|注释],
    字段名2    数据类型    [约束|注释],
    ...
    字段名n    数据类型    [约束|注释],
    [约束]
);
```

“表名”指要创建表的名称,必须符合标识符命名规则。“字段名”指数据表列的名称,也必须符合标识符命名规则。“约束与注释”是可选项,指字段的完整性问题,将在后面逐一介绍。

示例 2.5

创建一个教师表 TEACHERS,字段有编号(ID)、工号(TNO)、姓名(TNAME),共3个字段,ID 为 INT 类型,其他均为 VARCHAR 类型。

```
USE MYDB;
CREATE TABLE TEACHERS(
ID INT,
    TNO VARCHAR(20),
    TNAME VARCHAR(20)
);
```

课堂练习

①创建部门表 DEPARTS,字段有编号(ID)、部门名称(DNAME)。
②创建专业表 MAJORS,字段有编号(ID)、专业名称(MNAME)。
③创建班级表 MCLASSS,字段有编号(ID)、班级名称(MNAME)。
④创建学生表 STUDENTS,字段有编号(ID)、学号(SNO)、姓名(SNAME)。

2.3.3 DROP TABLE 语句

在 MySQL 中,可以使用 DROP TABLE 语句删除一个或多个数据表,语法格式如下:

```
DROP TABLE 表名[,表2,...]
```

在删除表的同时,表的结构和表中所有的数据都会被删除,因此在删除数据表之前要慎重考虑,或事先备份,以免造成无法挽回的损失。

删除表除了使用 DROP 命令外,还可以直接操作。右键在所要删除的表中选择“Drop Table...”,如图 2.13 所示。

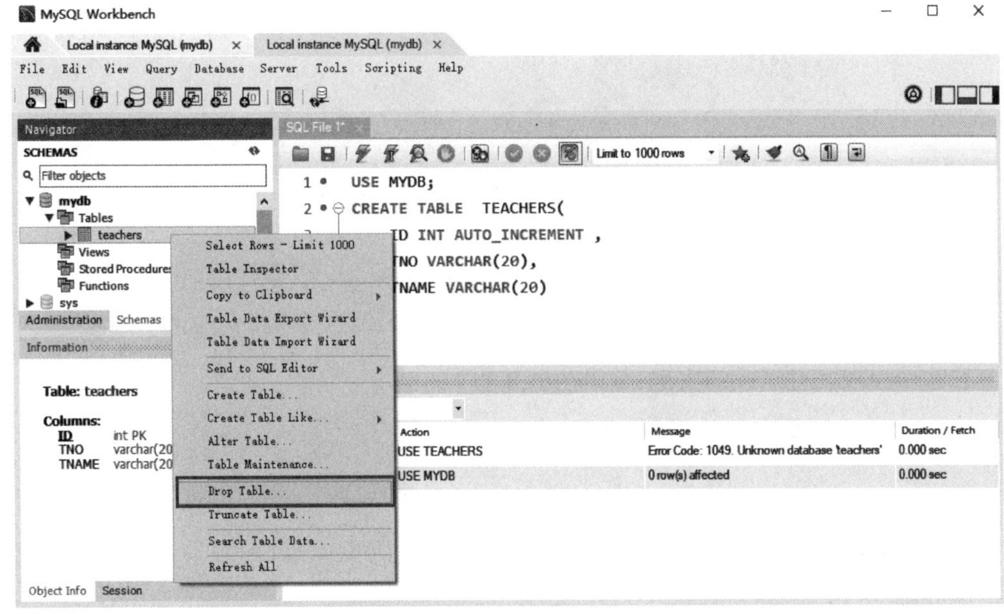

图 2.13　删除数据表

课堂练习

针对示例 2.5 的课堂练习中的表做如下操作：
①使用命令删除 DEPARTS 表。
②使用命令一次性删除 MAJORS 表、MCLASSS 表。
③直接右键删除 STUDENTS 表。

2.3.4　数据完整性

在 MySQL 中，约束是指对表中数据的一种限制要求，非常必要，能够确保数据库中数据的正确性、有效性和完整性。

（1）主键约束

在 MySQL 中，主键（PRIMARY KEY）又称主码，可以是一个字段，也可以是多列组成的联合字段。主键列要求数据唯一且不能为空，在一个表中主键只能有一个。语法格式如下：

```
字段名 数据类型 PRIMARY KEY
```

示例 2.6

将示例 2.5 中的 TEACHERS 表添加主键约束。

```
DROP TABLE TEACHERS；
CREATE TABLE   TEACHERS(
```

```
ID INT PRIMARY KEY,
    TNO VARCHAR(20),
    TNAME VARCHAR(20)
);
```

课堂练习

①重建示例2.5的课堂练习中的DPARTS、MAJORS、MCLASSS和STUDENTS表。
②给DEPARTS表、MAJOR表和MCLASSS表的编号ID字段添加主键约束。

由多个字段联合组成的主键,其语法格式如下:

```
PRIMARY KEY(字段1,字段2,...)
```

示例2.7

将示例2.5中TEACHERS表的工号(TNO)、姓名(TNAME)设置为联合主键。

```
DROP TABLE TEACHERS;
CREATE TABLE  TEACHERS(
ID INT,
    TNO VARCHAR(20),
    TNAME VARCHAR(20),
    PRIMARY KEY(TNO,TNAME)
);
```

课堂练习

将STUDENTS表的学号(SNO)、姓名(SNAME)设置为联合主键。

(2)自增约束

在MySQL中,一个整型字段被定义为自增长后,这个字段的值就不再需要用户输入数据了,而是由系统根据定义自动赋值。每增加一条记录,主键会自动以相同的步长进行增长。关键字为AUTO_INCREMENT,语法格式如下:

```
字段名 整数类型 AUTO_INCREMENT
```

注意

凡设定为自增的字段,还必须同时设定为主键。

示例2.8

将示例2.7中TEACHERS表的ID字段设定为自增,并添加主键约束。

```
CREATE TABLE  TEACHERS(
    ID INT AUTO_INCREMENT PRIMARY KEY,
    TNO VARCHAR(20),
    TNAME VARCHAR(20)
);
或者:
CREATE TABLE  TEACHERS(
    ID INT AUTO_INCREMENT,
    TNO VARCHAR(20),
    TNAME VARCHAR(20),
    PRIMARY KEY(ID)
);
```

课堂练习

将 DEPARTS、MAJORS、MCLASSS 和 STUDENTS 表中的编号 ID 字段都设定为自增,并添加主键约束。

在实际开发中,除了建联合主键约束外,一般数据表都要定义一个自增主键字段,方便关联表的外键引用。

(3)唯一约束

在 MySQL 中,唯一约束(UNIQUE KEY)是指所约束字段中的值不能重复出现。唯一约束与主键约束相同之处是都可以确保被约束字段数据的唯一性,不同之处是唯一约束在一个表中可有多个,且允许有空值,但是只能有一个空值。而主键约束在一个表中只能有一个,且不允许有空值。语法格式如下:

```
字段名 数据类型 UNIQUE
```

示例 2.9

将示例 2.8 中 TEACHERS 表的 TNO 字段添加唯一约束。

```
CREATE TABLE  TEACHERS(
    ID INT AUTO_INCREMENT PRIMARY KEY,
    TNO VARCHAR(20) UNIQUE,
    TNAME VARCHAR(20)
);
```

课堂练习

将 DEPARTS 表的 DNAEM 字段、MAJORS 表的 MNAME 字段、MCLASSS 表的 MNAME 字段、STUDENTS 表的 SNO 字段添加 UNIQUE 约束。

凡添加唯一约束的字段,若在添加记录数据时出现重复值,会报“Error Code: 1062 Duplicate entry...”的错误。

(4)非空约束

在 MySQL 中,非空约束(NOT NULL)所指字段的值不能为空。对于使用了非空约束的字段,如果用户在添加数据时没有指定值,数据库系统就会报错。在表中某个列的定义后加上关键字 NOT NULL 作为限定词来约束该列的取值不能为空。语法格式如下:

```
字段名 数据类型 NOT NULL
```

课堂练习

将 DEPARTS 表的 DNAEM 字段、MAJORS 表的 MNAME 字段、MCLASSS 表中 MNAME 字段、STUDENTS 表的 SNO 和 SNAME 字段添加非空约束。

(5)默认值

在 MySQL 中,默认值(DEFAULT)的完整名称是“默认值约束(Default Constraint)”,用来指定某列的默认值。在表中插入一条新记录时,如果没有为某个字段赋值,系统就会自动为这个字段插入默认值。语法格式如下:

```
字段名 数据类型 DEFAULT 默认值
```

示例 2.10

表 2.6 为教师表 TEACHERS 的结构和约束,使用 SQL 命令创建 TEACHERS 表。

表 2.6　教师表 TEACHERS

字段名	数据类型	约束	说明
ID	INT	自增、主键	自动编号
TNO	VARCHAR(20)	非空、唯一	工号
TNAME	VARCHAR(20)	非空	姓名
PWD	VARCHAR(100)	默认值“abc123”	密码

SQL 语句如下:

```
CREATE TABLE  TEACHERS(
    ID INT AUTO_INCREMENT PRIMARY KEY,
    TNO VARCHAR(20) NOT NULL UNIQUE,
    TNAME VARCHAR(20) NOT NULL,
    PWD VARCHAR(100) DEFAULT 'abc123'
);
```

课堂练习

给 STUDENTS 表新增一个密码(PWD)字段,并设默认值为“123456”。

(6)检查约束

在 MySQL 中，检查约束(CHECK)是用来检查数据表中字段值有效性的一种手段,设置检查约束时要根据实际情况进行设置,这样能够减少无效数据的输入。检查约束使用 CHECK 关键字,具体的语法格式如下:

```
CHECK(表达式)
```

“表达式”指的就是 SQL 表达式,用于指定需要检查的限定条件。

示例 2.11

在表 2.6 所示的教师表中添加一个 AGE 字段,表示教师年龄,约束年龄值为 10~150。

```
CREATE TABLE  TEACHERS(
    ID INT AUTO_INCREMENT PRIMARY KEY,
    TNO VARCHAR(20) NOT NULL UNIQUE,
    TNAME VARCHAR(20) NOT NULL,
    PWD VARCHAR(100) DEFAULT 'abc',
    AGE INT,
    CHECK( AGE>10 AND AGE<150)
);
```

超出约束范围的值,在添加记录时会报错,无法添加成功。

课堂练习

针对 STUDENTS 表做如下操作:

①添加一个新字段年龄(AGE),约束年龄值为 0~150。

②约束密码(PWD)字段长度不能小于 6 位。提示:长度函数为 LENGTH(字段名)。

(7)外键约束

在 MySQL 中，外键约束(FOREIGN KEY)是表的一个特殊字段,经常与主键约束一起使用。对两个具有关联关系的表而言,相关联字段中主键所在的表就是主表(父表),外键所在的表就是从表(子表)。

通过 FOREIGN KEY 关键字来指定外键,语法格式如下:

```
  [CONSTRAINT <外键名>] FOREIGN KEY 字段名 [,字段名 2,…]
REFERENCES <主表名>主键列 1 [,主键列 2,…]
```

[CONSTRAINT <外键名>]可以省略,若不省略,则需要给所建外键取一个名称。

示例 2.12

在表 2.6 所示的教师表中添加一个 DEPARTID 字段,INT 类型,与 DEPARTS 表关联,是 DEPARTS 表 ID 字段的外键,表示教师所属院部。

```
CREATE TABLE  TEACHERS(
    ID INT AUTO_INCREMENT PRIMARY KEY,
    TNO VARCHAR(20) NOT NULL UNIQUE,
    TNAME VARCHAR(20) NOT NULL,
    PWD VARCHAR(100) DEFAULT 'abc',
    AGE INT,
    DEPARTID INT,
    CHECK( AGE>10 AND AGE<150),
    FOREIGN KEY(DEPARTID) REFERENCES DEPARTS(ID)
);
```

课堂练习

①给专业表 MAJORS 添加一个关联 DEPARTS 表的外键。

②给班级表 MCLASSS 添加一个关联 MAJORS 表的外键。

③给学生表 STUDENTS 添加一个关联 MCLASSS 表的外键。

注意

主表删除某条记录时,从表中与之对应的记录也必须有相应的改变。一个表可以有一个或多个外键,外键可以为空值,若不为空值,则每一个外键的值必须等于主表中主键的某个值。

2.3.5 Workbench 可视化建表

在 MySQL Workbench 的 SCHEMAS 面板中,选中相关数据库的"Tables"选项,右键单击"Create Table...",如图 2.14 所示。

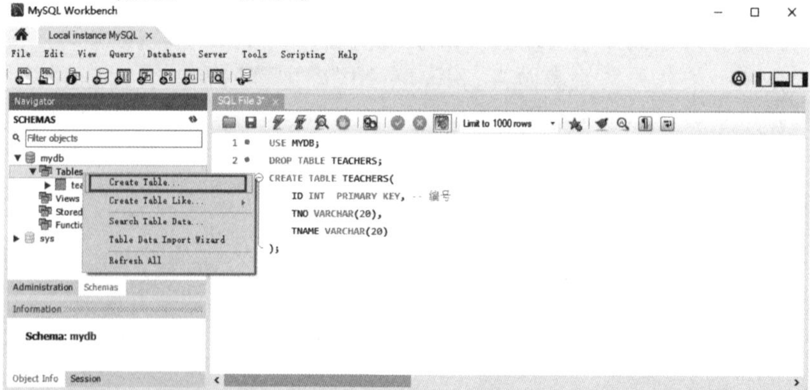

图 2.14　创建数据表

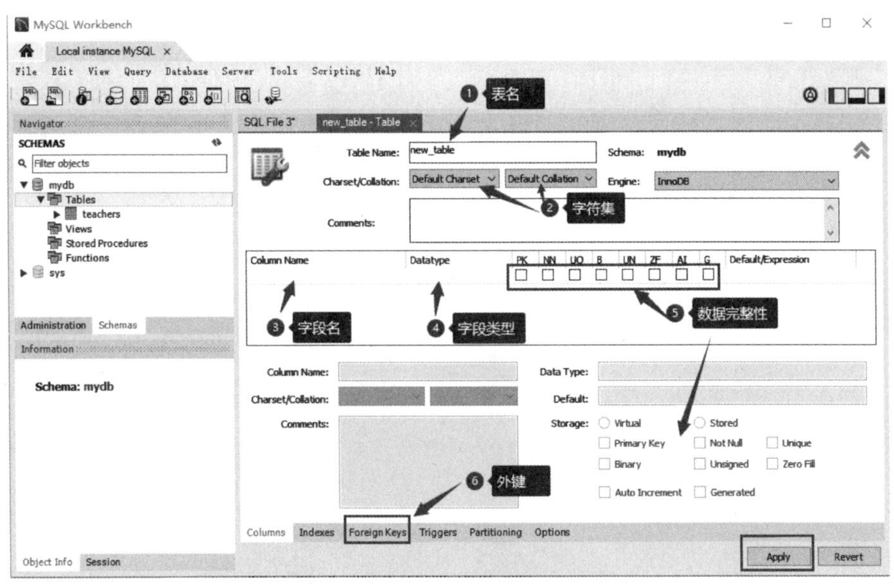

图 2.15　定义表结构

图 2.15 展示了可视化创建数据表操作的主要流程，一般而言，凡用命令定义的表的相关属性，可视化窗口均有对应的选项进行设置。

课堂练习

创建 3 个表：课程表 COURSES（表 2.7）、生源类型表 STUTYPE（表 2.8）、专业课程体系表 MAJOR_GRADE_TERM_COURSES（表 2.9）、学期表 TERMS（表 2.10）和年级表 GRADES（表 2.11）。表 COURSES 主要有课程名称，归属院部等信息；表 STUTYPE 用于区别普招、技能高考、单招、扩招等不同生源类型；表 MAJOR_GRADE_TERM_COURSES 是专业课程体系，用于描述各专业各年级不同学期不同生源类型开设的课程。

表 2.7　课程表 COURSES

字段名	数据类型	约束	说明
ID	INT	自增、主键	自动编号
CNAME	VARCHAR(50)	非空、唯一	课程名称
DEPARTID	INT		所属院部 ID

表 2.8　生源类型表 STUTYPE

字段名	数据类型	约束	说明
ID	INT	自增、主键	自动编号
TNAME	VARCHAR(20)	非空、唯一	名称，如普招、单招

表 2.9　专业课程体系表 MAJOR_GRADE_TERM_COURSES

字段名	数据类型	约束	说明
ID	INT	自增、主键	自动编号
GRADE	INT	非空	年级,如 2020
TERM	VARCHAR(20)	非空	学期,如 2020-2021-1
MAJORID	INT	MAJORS 外键	所属专业
COURSEID	INT	COURSES 外键	课程 ID
TYPEID	INT	STUTYPE 外键	生源类型 ID
THOUR	INT		总学时
STARTWEEEK	INT		开始周次
ENDWEEK	INT		结束周次

表 2.10　学期表 TERMS

字段名	数据类型	约束	说明
TERM	VARCHAR(20)	主键	学期:2021-2022-1
STATE	INT	默认值 0	1:当前学期
STARTDAY	DATE		开学日
ENDDAY	DATE		结束日

表 2.11　年级表 GRADES

字段名	数据类型	约束	说明
GRADE	INT	主键	年级:2021

任务2.4 管理数据表

2.4.1 修改表结构

(1) ALTER TABLE 语句

在 MySQL 中,修改数据表的操作也是数据库管理中必不可少的,可以使用 ALTER TABLE 语句来改变原有表的结构,例如增加或删减列、更改原有列类型、重新命名列或表等。语法格式如下:

```
ALTER TABLE 表名
[ADD COLUMN  列名类型
| CHANGE COLUMN 旧列名 新列名 新列类型
| ALTER COLUMN  列名  SET DEFAULT  默认值  | DROP DEFAULT
| MODIFY COLUMN  列名类型
| DROP COLUMN  列名
| RENAME TO  新表名
| CHARACTER SET  字符集名
| COLLATE 校对规则名  ]
```

ADD COLUMN :添加新字段。

CHANGE COLUMN:修改字段名及数据类型。

ALTER COLUMN:取消默认值,或设置默认值。

MODIFY COLUMN:修改字段类型。

DROP COLUMN:删除字段。

RENAME TO:修改表名。

CHARACTER SET:修改字符集。

COLLATE:修改校对规则。

课堂练习

①给 MCLASSS 表添加一个年级字段 GRADE,INT 类型。

②将 MCLASSS 表的 MNAME 字段名称改为 CLASSNAME。

③自行添加、删除或修改字段属性,以熟悉相关修改命令。

(2) 可视化修改表结构

选中要修改的表,右键选择“Alter Table...”,弹出表结构设置窗口,如图 2.16 所示。

如图 2.17 所示的修改表结构的操作界面与新建表界面相同,可以对相应字段进行修改设置。

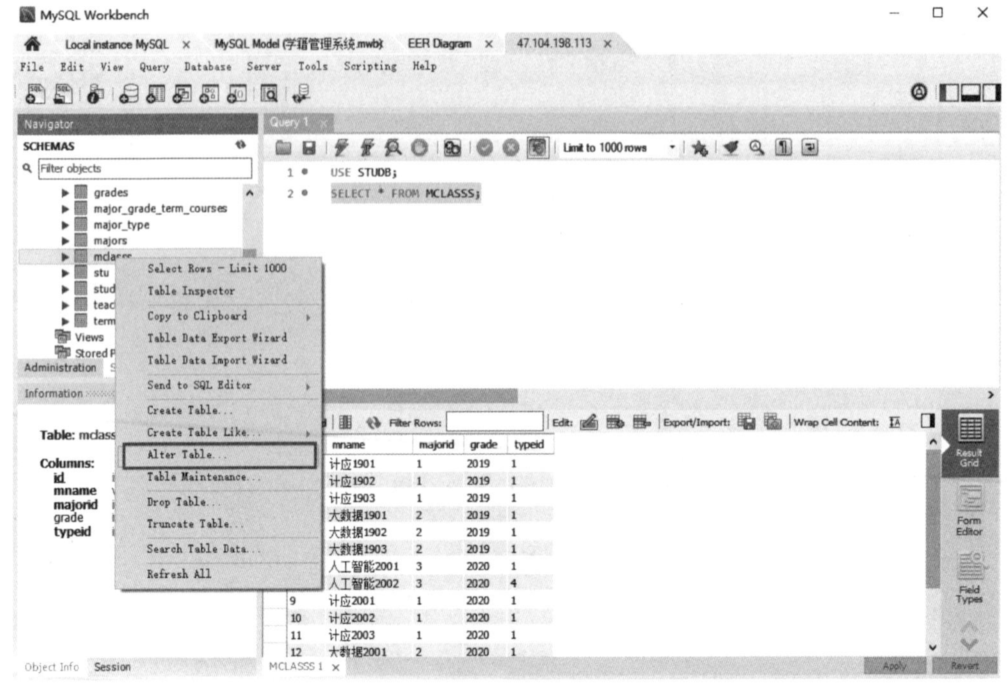

图 2.16　修改表结构

图 2.17　修改表结构字段属性

2.4.2　复制表结构及数据

在实际开发过程中，有时需要建立一个与某表结构相似的表，或需要批量对某表数据进行处理，为防止误操作，可以先备份一个副表。MySQL 可以快速地复制表结构及数据，复制有两种方式：一种是仅复制表结构，另一种是复制表结构的同时复制数据。

仅复制表结构的语法格式如下：

```
CREATE TABLE 新表名 LIKE 旧表名
或者:
CREATE TABLE 新表名 SELECT * | 字段列表 FROM 旧表名 WHERE 0
```

若仅复制旧表中的部分字段，可使用第二种方式，在 SELECT 之后列出所需要的字段名。

复制表结构及数据的语法格式如下：

```
CREATE TABLE 新表名 SELECT * | 字段列表 FROM 旧表名
或者:
CREATE TABLE 新表名 LIKE 旧表名
INSERT INTO 新表名 SELECT  * | 字段列表 FROM 旧表名
```

这里的第二种方式是先创建一个新表，再插入记录，INSERT 语句将在模块 3 学习。

课堂练习

①仅复制 MAJORS 表结构，新表名为 MAJOR2。
②复制 MAJORS 表结构及数据，新表名为 MAJOR3。
③使用其他语法格式，自行复制其他表的结构或数据。

2.4.3　导入导出数据表

通过对数据表的导入导出，可以实现在 MySQL 数据库服务器与其他数据库服务器间移植数据。这里仅介绍利用向导方式进行数据表的导入与导出。

导出数据表与导出数据库操作类似，可以导出单个表，也可以导出多个表，如图 2.18 所示。

导入数据表时，原则上数据库已存在（也可以新建库），导入数据表与导入数据库操作类似，对于已存在的库，要求事先删除库中与导入同名的表，如图 2.19 所示。

SQL 格式的导入导出，若数据表中有数据，将一并导出，方便数据表的移植。

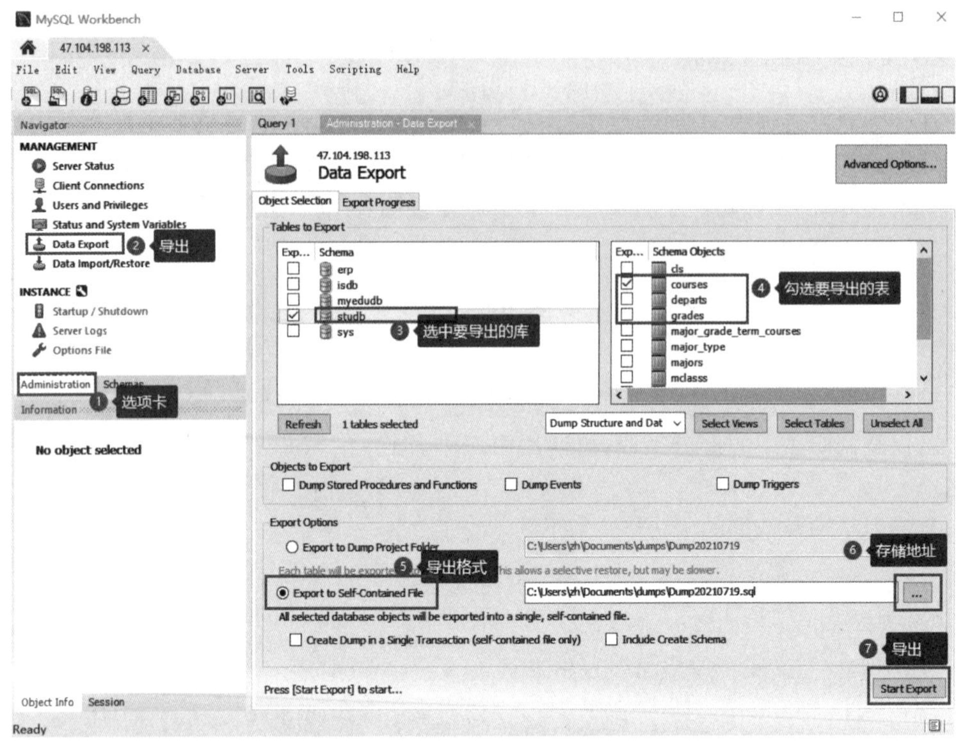

图 2.18　导出数据表

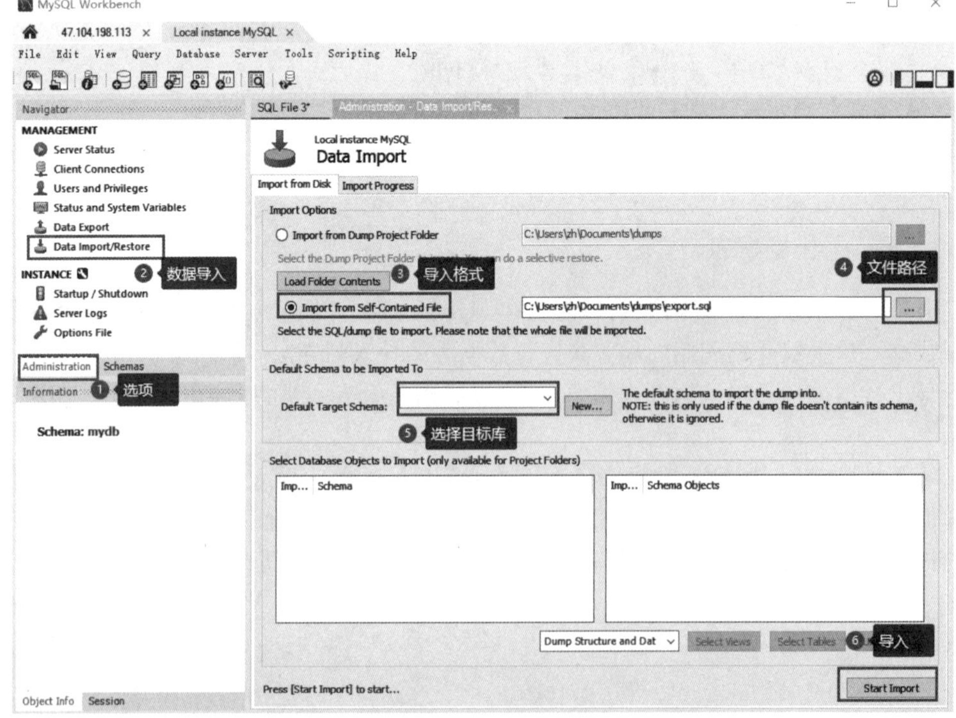

图 2.19　导入数据表

课堂练习

①导出 STUDENTS 表后再导入。
②同时导出 MAJOR 表和 STUDENTS 表后再导入。
③导出一个表,导入另一个数据库中。

任务 2.5 绘制 E-R 图

2.5.1 绘制 E-R 图

MySQL Workbench 是一款专为 MySQL 设计的 ER/数据库建模工具。你可以用 MySQL Workbench 设计和创建新的数据库图示,建立数据库文档,以及进行复杂的 MySQL 迁移。E-R 图也称实体联系图(Entity Relationship Diagram),它提供表示实体类型、属性和联系的方法,用来描述现实世界的概念模型。

第一步:新建模型文件。File 菜单下"New Model"表示新建模型文件,"Open Model"表示打开已有的模型文件,如图 2.20 所示。

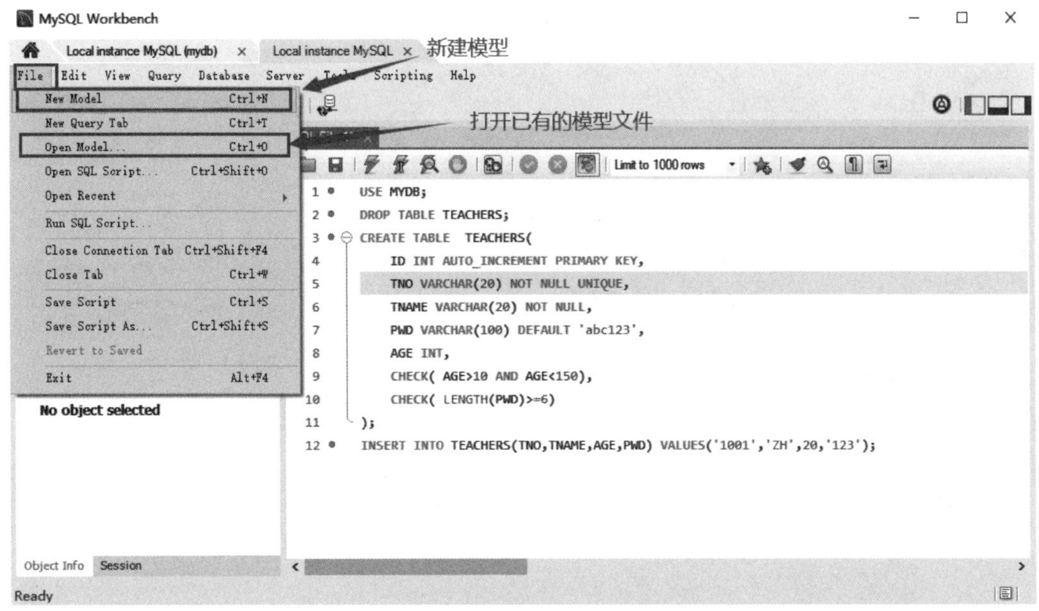

图 2.20 新建/打开模型文件

第二步:新建数据库。单击工具栏中的"Add New Schema"按钮,会生成一个"new_schema1"新标签。右键单击标签名,可以修改新建数据库的有关属性,如数据库名、字符集等,如图 2.21 所示。

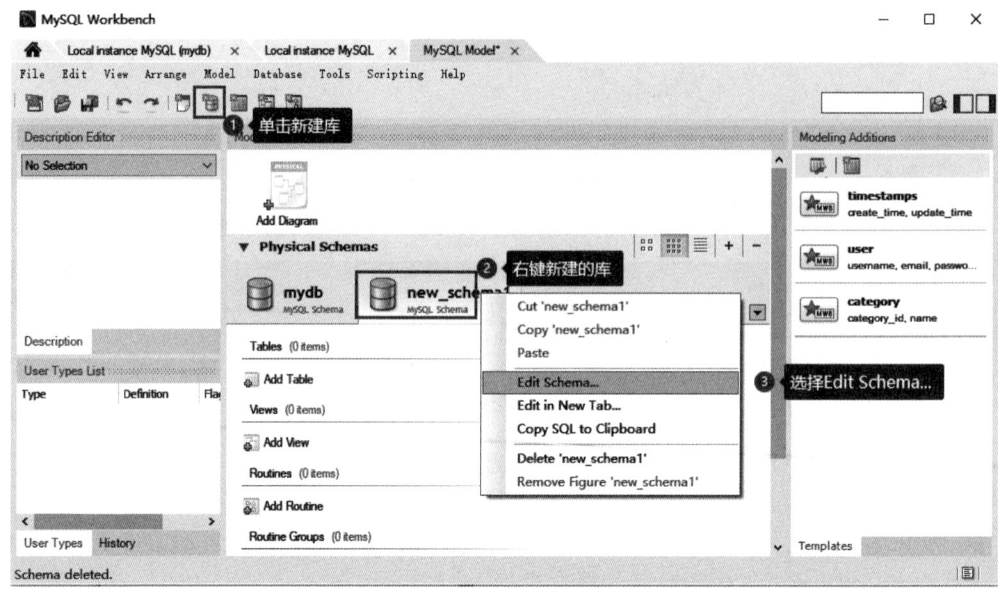

图 2.21　新建数据库

第三步：双击“Add Diagram”进入设计界面，如图 2.22 所示。

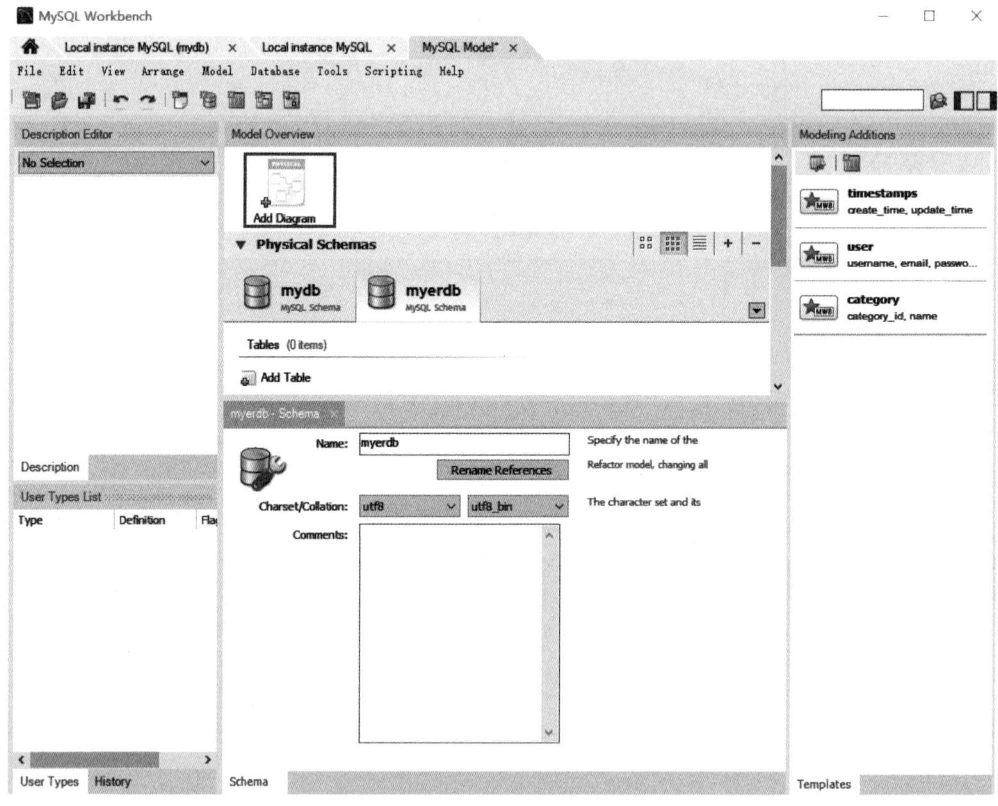

图 2.22　添加 Diagram

第四步：在模型设计界面中，可以建表、建视图以及创建表之间的关联关系等，如图2.23所示。

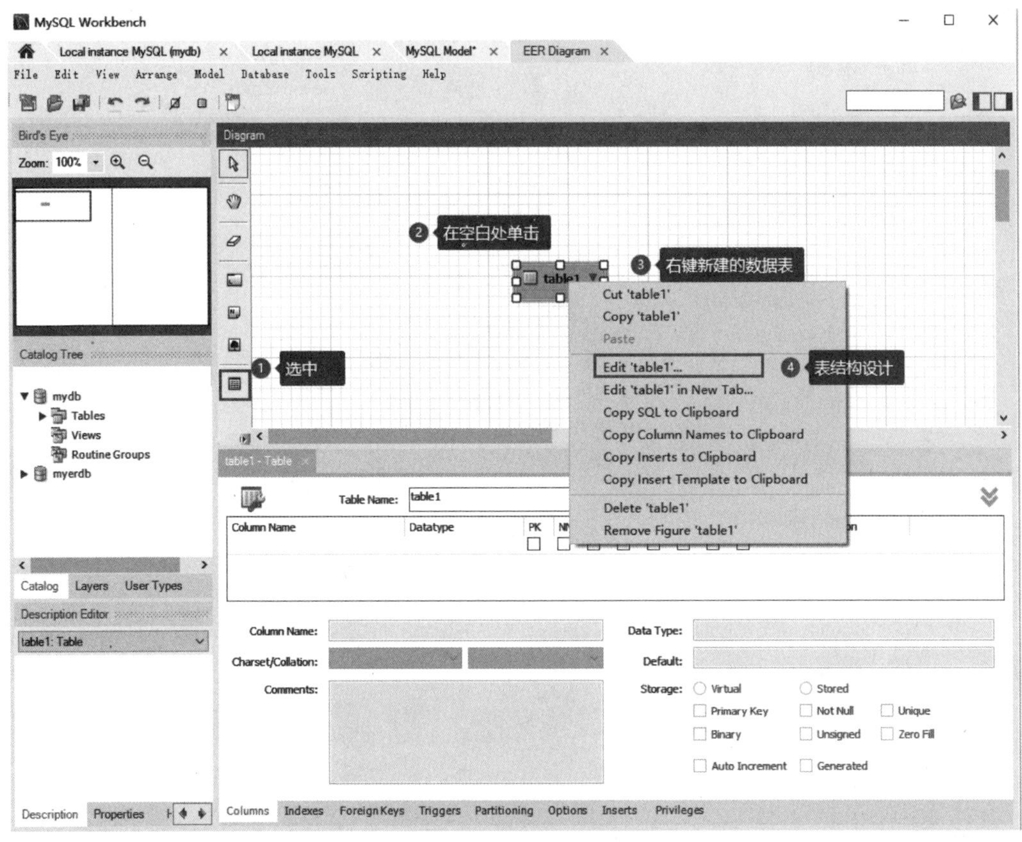

图 2.23 模型设计主界面

第五步：保存为.mwb 格式文件。绘制完 E-R 图，保存为.mwb 格式文件方便后期维护管理。

绘制 E-R 图，可以直观展现数据表之间的关联关系，体现数据库设计者的设计思想。

课堂练习

绘制学生信息管理数据库 STUDB 的 E-R 图，业务关系如图 2.24 所示。院部或部门表 DEPARTS、专业表 MAJORS、班级表 MCLASSS、学生表 STUDENTS、教师表 TEACHERS、课程表 COURSES、生源类型表 STUTYPE、学期表 TERMS、课程体系表 MAJOR_GRADE_TERM_COURSES、年级表 GRADES。各表字段内容与之前的操作练习含义一致。

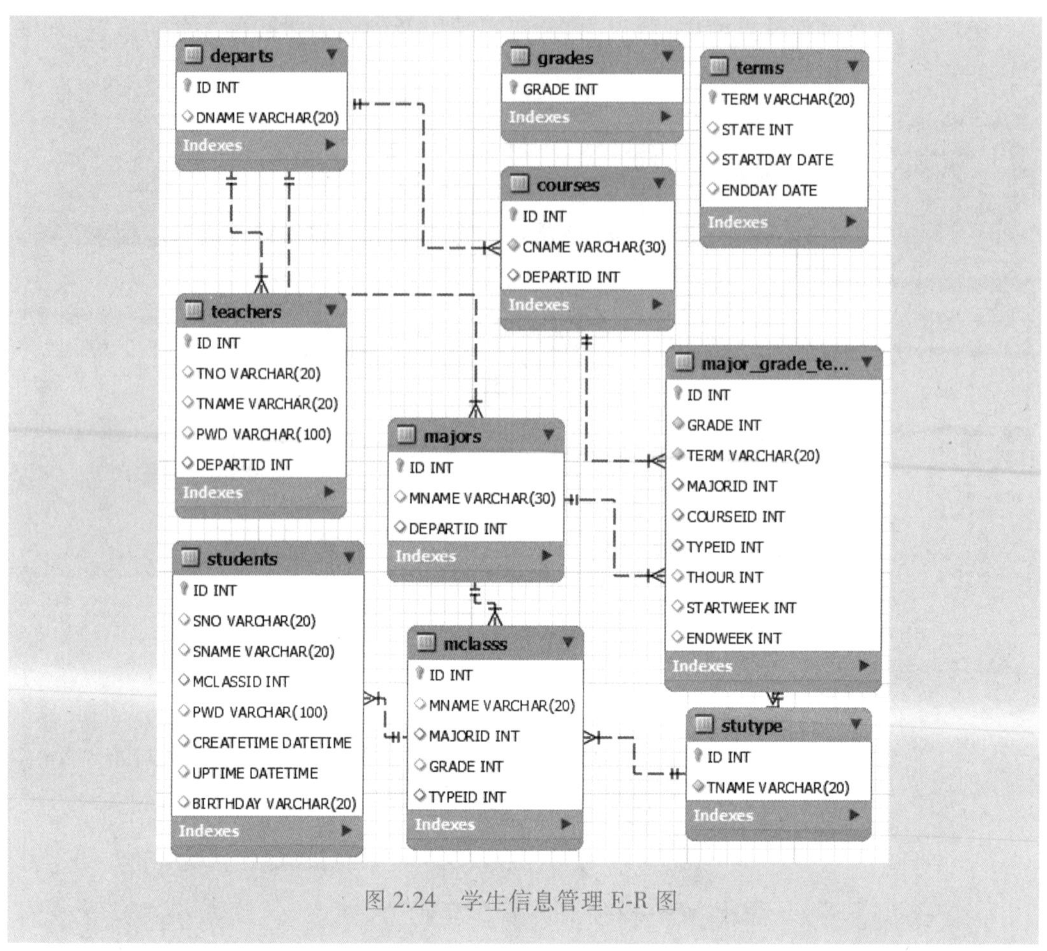

图 2.24　学生信息管理 E-R 图

2.5.2　E-R 图与数据库转换

(1)E-R 图导出为 SQL 脚本文件

如图 2.25 所示,可以将建好的 E-R 图直接生成数据库及数据表。

(2)SQL 脚本生成数据库

打开 E-R 图导出的 SQL 脚本文件,并执行文件就可以生成所需要的数据库,如图2.26所示。

另外,还可以将 E-R 图中单个表,复制其 SQL 脚本生成数据表。具体操作是选中 E-R 图中的表,右键单击"Copy 表名"或"Copy SQL to Clipboard",在打开的数据库中新建一个查询,粘贴 SQL 脚本,执行脚本即可得到所需要的数据表。

课堂练习

将 2.5.1 课堂练习绘制的 E-R 图导出,并生成数据库。

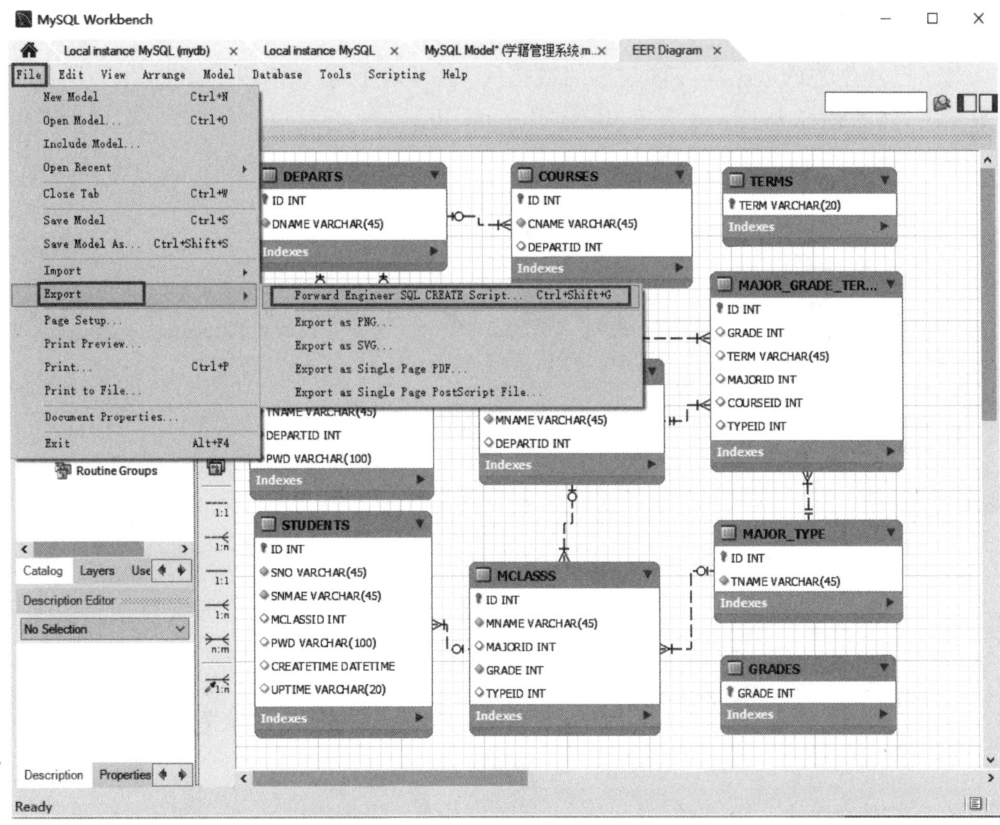

图 2.25　E-R 图导出为 SQL 脚本文件

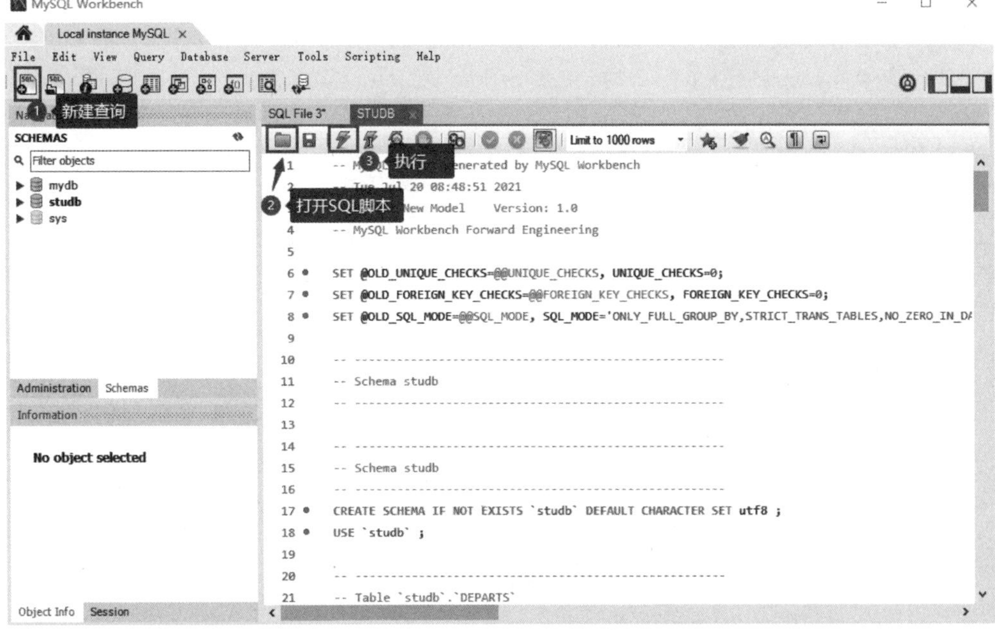

图 2.26　生成数据库

(3)数据库转换成 E-R 图

对于已经创建的数据库或修改过的数据库,也可以生成 E-R 图。如图 2.27 所示,选中数据库,然后选择 Database 菜单,单击“Reverse Engineer...”。

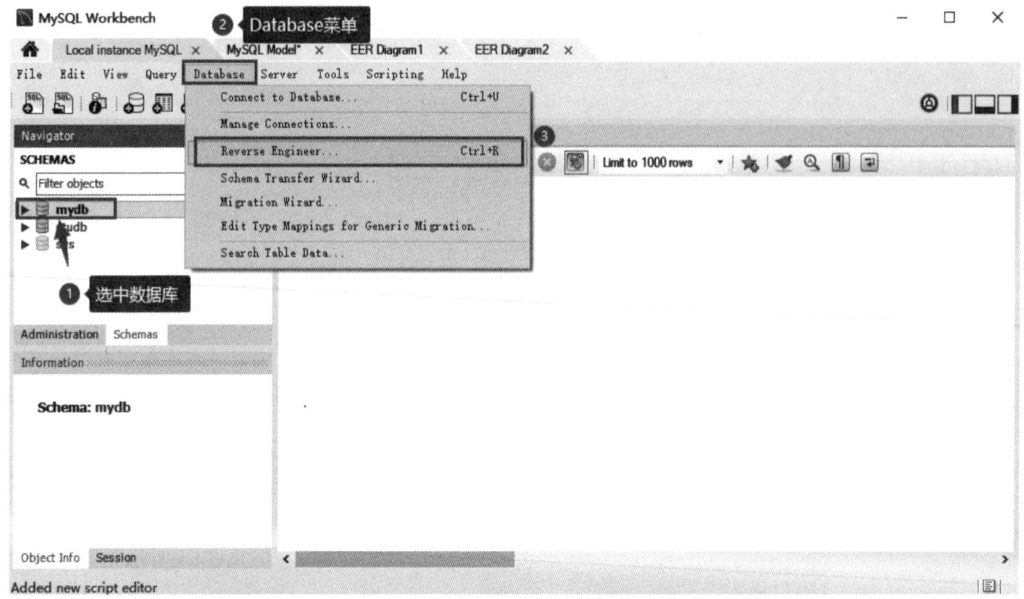

图 2.27 数据库生成 E-R 图

之后选择建立的连接,根据向导 Next 就可以生成数据库所对应的 E-R 图。

课堂练习

新建一个数据库 erp,并使用代码创建 5 个表,商品类别 TYPE 表 2.12、商品 GOODS 表 2.13、销售员 SALESMAN 表 2.14、销售 SALES 表 2.15 和销售明细 SALESDETAIL 表 2.16。

表 2.12 商品类别 TYPE

字段名	数据类型	约束	说明
TYPEID	INT	自增、主键	自动编号
TYPENAME	VARCHAR(50)	非空、唯一	类别名称
PARENTID	INT		父级 ID

表 2.13 商品 GOODS

字段名	数据类型	约束	说明
GOODSID	INT	自增、主键	自动编号
BARCODE	VARCHAR(6)	非空、唯一	商品条形码
TYPEID	INT	外键	商品类别 ID
GOODSNAME	VARCHAR(50)	非空	商品名称
STOREPRICE	DECIMAL(8,2)		进货价
SALEPRICE	DECIMAL(8,2)		卖出价
DISCOUNT	DECIMAL(8,2)		折扣
STOCKNUM	INT		库存数
STOCKDATE	DATETIME		入库时间

表 2.14 销售员 SALESMAN

字段名	数据类型	约束	说明
SALESMANID	INT	自增,主键	编号
SALESMANNAME	VARCHAR(10)	非空	姓名
MOBILE	VARCHAR(20)		电话
PWD	VARCHAR(50)		密码
GENDER	VARCHAR(2)		性别
WAGE	DECIMAL(8,2)		底薪
COMMISSIONRATE	DECIMAL(8,2)		提成比率
ROLE	VARCHAR(20)		角色

表 2.15　销售 SALES

字段名	数据类型	约束	说明
SALESID	INT	自增,主键	编号
RECIPTSCODE	VARCHAR(30)	唯一	流水号
SALESDATE	DATETIME		销售时间
AMOUNT	DECIMAL(8,2)		销售金额
SALESMANID	INT	外键	销售员 ID
CASHIERID	INT	外键	收银员 ID

表 2.16　销售明细 SALESDETAIL

字段名	数据类型	约束	说明
SDID	INT	自增,主键	编号
SALESID	INT	外键	销售 ID
GOODSID	INT	外键	商品 ID
QUANTITY	INT		销售数量

数据库建好后,生成对应的 E-R 图。

拓展阅读:国产数据库的春天来了

近几年,国产数据库的进步是有目共睹的,尤其是随着国内移动互联网的迅猛发展,给很多国产新型数据库的应用创造了全球独一无二的场景。这在很大程度上推动了国产数据库和以 Oracle 为代表的传统数据库厂商之间的差距逐渐缩小,甚至在某些层面呈现赶超之势。

虽然中国数据库起步较晚,以 Oracle、IBM、微软等为代表的老牌厂商凭借先发优势在市场占据了有利位置,但是云技术的发展让国产数据库搭上了快车。近年来,以腾讯、阿里、华为为代表的三大厂商不仅增速位居前列,市场份额也在逐年增加。如果增速体现的是市场大盘的增长,那么在复杂场景下实现自主可控考验的就是真实的技术实力。一个标志性的事件是张家港农商银行基于腾讯云 TDSQL 打造的新一代核心业务系统成功上线,这是国产数据库首次正式进入金融的核心业务系统,实现自主可控。

20 世纪 80 年代,萨师煊教授和王珊教授推开了中国数据库领域的大门,培养了中国数据库的第一代人才;到了 20 世纪 90 年代,Oracle 席卷中国,占据了国内很大的市场,但是国内也有了第一代原型数据库,比如 OpenBASE、CoBase 和 DM Database;进入 21 世纪后,国家的“863 计划”设立了“数据库重大专项”,有了国家政策的扶持,达梦、人大金仓、南大通用和航天神舟这些公司开始发展,不过在原有的传统关系型数据库领域里,Oracle 和 IBM 的先发优势更明显,当时的环境要求的是经济发展,而不是自主可控,于是国产数据库进入了死循环,没有市场就无法验证数据库是否可靠,无法验证数据库是否可靠就没有公司敢用,也就没有市场;直到 2010 年后的云计算时代和开源社区的兴起,国产数据库开始了弯道超车,阿里喊出了“去 IOE”的口号,国产数据库领域真正进入蓬勃发展的时代,一系列优秀的数据库和数据库公司诞生了,如 TiDB、OceanBase 等。

经过近 10 年的业务打磨,从大的通信厂商和互联网公司出来的这些数据库产品,和国际同类产品比较起来,已经具备了相当强的竞争能力。十年磨一剑,国产数据库的春天终于到来了。

思考题

①SQL 语言包括哪几部分?每部分都有哪些操作关键字?

②简述在 MySQL 数据库中 MyISAM 和 InnoDB 的区别。

③数据库三大范式是哪些?

④MySQL 自带数据库有哪几个?分别有什么作用?

⑤MySQL 中 varchar 与 char 的区别以及 varchar(50)中的 50 代表的含义是什么?

⑥数据库自增主键可能遇到什么问题?

⑦数据库存储日期格式时,如何考虑时区转换问题?

⑧Blob 和 text 有什么区别?

⑨数据库的完整性包括哪些?

模块 3　增、删、改 MySQL 记录

【知识目标】

- 掌握插入、修改、删除记录的语法结构。
- 理解字段类型与记录数据的一致性。
- 理解字段约束与记录数据的一致性。

【技能要求】

- 能正确向数据表中插入记录数据。
- 能根据条件正确修改字段数据。
- 能根据需求删除数据记录。
- 会使用 MySQL Workbench 导入导出 CSV 格式数据。
- 会复制、导入导出数据表。

任务 3.1　插入记录

3.1.1　插入记录

(1)SELECT * FROM 语句

在 MySQL 中,可以使用 SELECT 语句来查询数据,这里只简单介绍一下 SELECT * FROM 语句,用于查看添加、修改和删除数据记录的变化情况,详细的查询语句写法将在模块 4 中学习。简单的 SELECT 语法格式如下:

```
SELECT * FROM 表名
```

"*"表示查询表中所有字段。

课堂练习

使用 SELECT * FROM 语法格式查询学生信息数据库 STUDB 中的表记录。

(2)INSERT INTO 语句

在 MySQL 中,可以使用 INSERT 语句向数据库已有的表中插入一行或者多行元组数据。INSERT 语句有两种语法形式,分别是 INSERT...VALUES 语句和 INSERT...SET 语句。

1)INSERT ... VALUES 语句

语法格式如下:

```
INSERT INTO  表名  [( 列名1 [,…列名n]) ]  VALUES (值1) […, (值n) ]
```

“列名”指表中的字段名，列名要与值形成一对一关系，即列出了多少个字段，就应该有多少个要插入的对应值。若省略列名，则默认为所有字段赋值，自增字段对应的值可以设置为 NULL。

以下示例与课堂练习中使用的数据库，若未加说明均指模块 2 中所创建的库 STUDB 及其中的表。

示例 3.1

向院部表 DEPARTS(ID,DNAME)中插入记录，这里 id 字段为自动增长。插入的记录有计算机学院、农学院、商学院、马克思主义学院、公共课部、创新创业学院。

```
方式一：
INSERT INTO DEPARTS(ID, DNAME) VALUES(NULL,'计算机学院');
INSERT INTO DEPARTS(ID, DNAME) VALUES(NULL,'农学院');
方式二：
INSERT INTO DEPARTS(DNAME) VALUES('商学院');
INSERT INTO DEPARTS(DNAME) VALUES('马克思主义学院');
方式三：
INSERT INTO DEPARTS VALUES(NULL,'公共课部');
INSERT INTO DEPARTS VALUES(NULL,'创新创业学院');
```

自增字段若指定，对应的值为 NULL，在实际记录插入过程中，自增字段一般缺省不赋值。根据实际需要，插入记录时，可以给所有字段赋值，也可只给部分字段赋值。

课堂练习

①向学期 TERMS 表中插入所在班级的所有在校学期及开学和结束日期(学期格式如:2021-2022-1)。

②向年级 GRADES 表中插入目前在校年级。

③向 STUTYPE 表中添加记录(普招、技能高考、单招、扩招)。

④向 TEACHERS 表中添加教授本班课程的所有老师信息。

2)INSERT… SET 语句

语法格式如下：

```
INSERT INTO  表名 SET  列名1 = 值1,  列名2 =值2,   …
```

此语句用于直接给表中的某些列指定对应的列值，即要插入的数据的列名在 SET 子句中指定，未指定的列，列值会指定为该列的默认值。

课堂练习

使用 INSERT...SET 语句添加记录：
①向 MAJORS 表中插入本校计算机学院、农学院、商学院的所有专业。
②向 COURSES 表中插入本班本学期开出的所有课程。
③向 MCLASSS 表中插入在校最近 2 个年级的本院(计算机学院)的所有班级。

3.1.2 复制记录

INSERT INTO...SELECT...FROM 语句用于快速地从一个或多个表中取出数据，并将这些数据作为行数据插入另一个表中。SELECT 子句返回的是一个查询到的结果集，INSERT 语句将这个结果集插入指定表中，结果集中的每行数据的字段数、字段的数据类型都必须与被操作的表完全一致。

示例 3.2

创建一个用于存放部分教师信息的 TTB 表，两个字段工号(TNO)和姓名(TNAME)，然后将 TEACHERS 表中的对应字段记录复制进去。

```
方法一：先创建表结构，再添加记录。
CREATE TABLE TTB SELECT TNO , TNAME FROM TEACHERS WHERE 0 ;
INSERT INTO TTB SELECT TNO , TNAME FROM TEACHERS ;
方法二：创建表结构的同时复制记录。
CREATE TABLE TTB SELECT TNO , TNAME FROM TEACHERS
```

课堂练习

①备份 DEPARTS 表(表名为 DEPART_INFO)。
②创建一个专业信息表 MAJOR_INFO，包括自增 ID、专业名称 MNAME 和专业简介 INFO。然后将专业表 MAJORS 中的 ID、MNAME 字段的记录复制到 MAJOR_INFO 表对应的字段中。

3.1.3 导入导出 Excel 数据

在处理数据记录时，经常需要进行批量数据导入和数据表导出等操作，导入导出数据格式可以是.sql 格式，也可以是.xls，.xlsx，.txt 等格式，SQL 格式和 Excel 表格格式居多。

MySQL Workbench 仅支持 CSV 格式和 JSON 格式数据的导入与导出，其他格式的数据要通过这两种格式来转换。由于 MySQL Workbench 仅支持 CSV 格式数据导入，因此我们需要事先将 XLS 或 XLSX 格式另存为 CSV 格式文件。表格导入分两种情况，一是将导入的数据生成一个新表，二是导入到一个已存在的表中。无论哪种情况，表头即字段名，最好按约定的规则命名。

示例 3.3

导入学生成绩,包括学号、MySQL 成绩、JAVA 成绩共 3 个字段,生成的表命名为 SCORES。

第一步:构建一个学生成绩的 Excel 表(学号、MYSQL、JAVA),另存为 CSV 格式文件。

第二步:向导导入。在"Tables"上右键选择 Table Data Import Wizard,如图 3.1 所示。

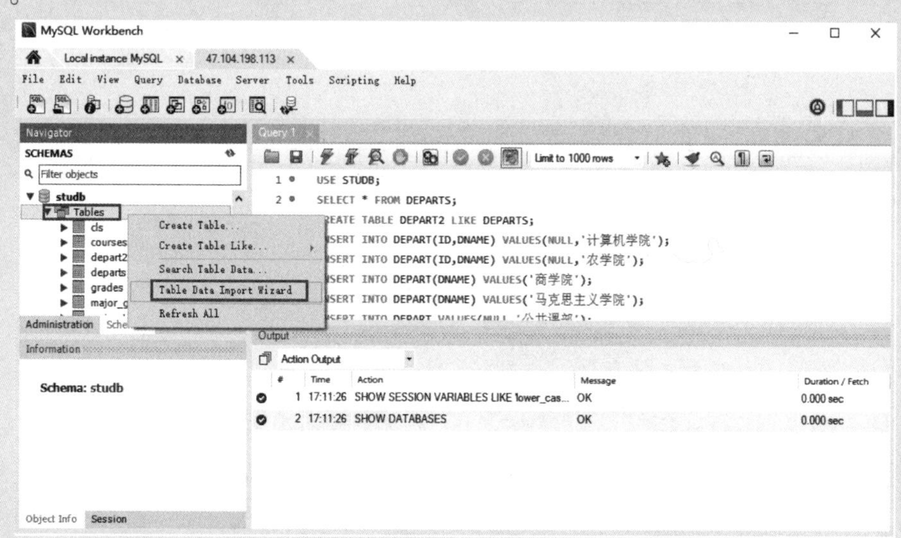

图 3.1　导入 CSV 数据

之后,按要求选择要导入的 CSV 格式文件。

第三步:选择新建表还是已建的表。如图 3.2 所示,若单选 Use existing table,可以将数据导入到已有的数据表中,若单选 Create new table,可以新建数据表。这里我们新建数据表,将图 3.2 中"工作簿 1"改写成"SCORES",然后单击 NEXT。

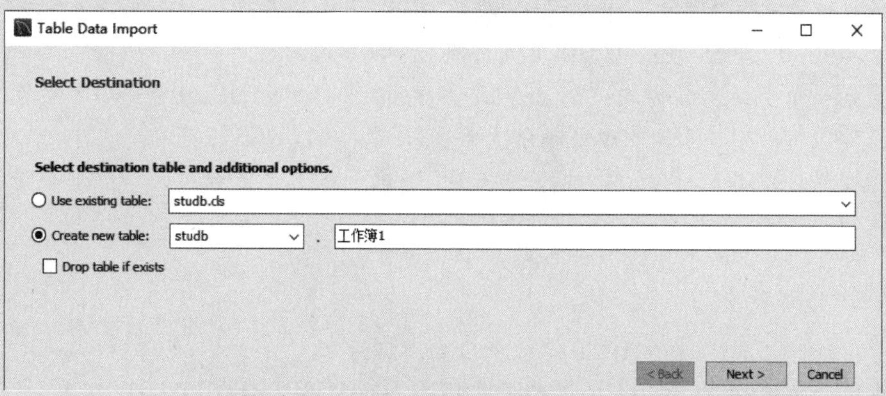

Table Data Import

Select Destination

Select destination table and additional options.

Use existing table: studb.cls

Create new table: studb . 工作簿1

Drop table if exists

< Back　Next >　Cancel

图 3.2　定义表名

第四步:定义字段类型。如图 3.3 所示,将学号修订为 TEXT 类型,MYSQL 和 JAVA 修订为 DOUBLE 类型,然后单击“NEXT”,直至导入成功。

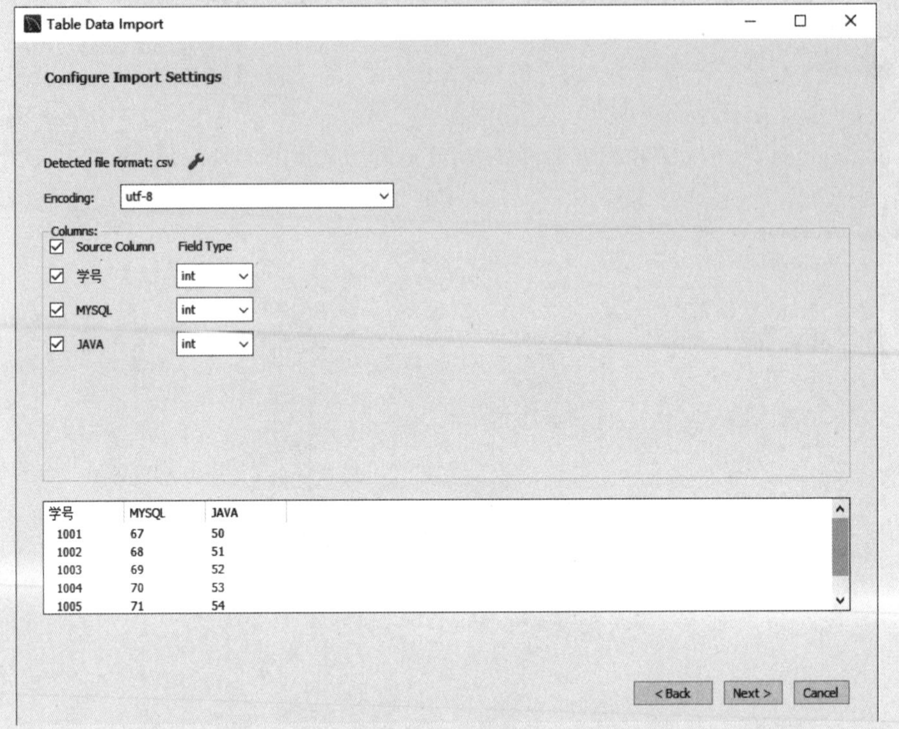

图 3.3 定义字段类型

导入结束后,可以使用 SELECT * FROM 查询语句查看导入的数据记录。

课堂练习

①按照 TEACHERS 表的结构构建一个 CSV 文件,添加你所认识的老师信息(TNO 字段编码规律可以自己定),然后导入 TEACHERS 表中。

②按照 MCLASSS 表结构构建班级名称表数据导入。

③导入学生信息。构建一个 CSV 文件,包括 SNO,SNAME,MCLASSID 字段,添加本班同学信息以及本系其他班级部分学生信息,导入 STUDENTS 表中。

④按照 COURSES 表结构构建一个 CSV 文件,导入本专业开出的所有公共课、创新创业课和专业课程。

示例 3.4

导出计算机学院(DEPARTID=1)教师的所有信息。

先执行 SQL 语句:SELECT * FROM TEACHERS WHERE DEPARTID=1;。

在查询结果工具栏上单击“export recordset to an external file”按钮,如图 3.4 所示。

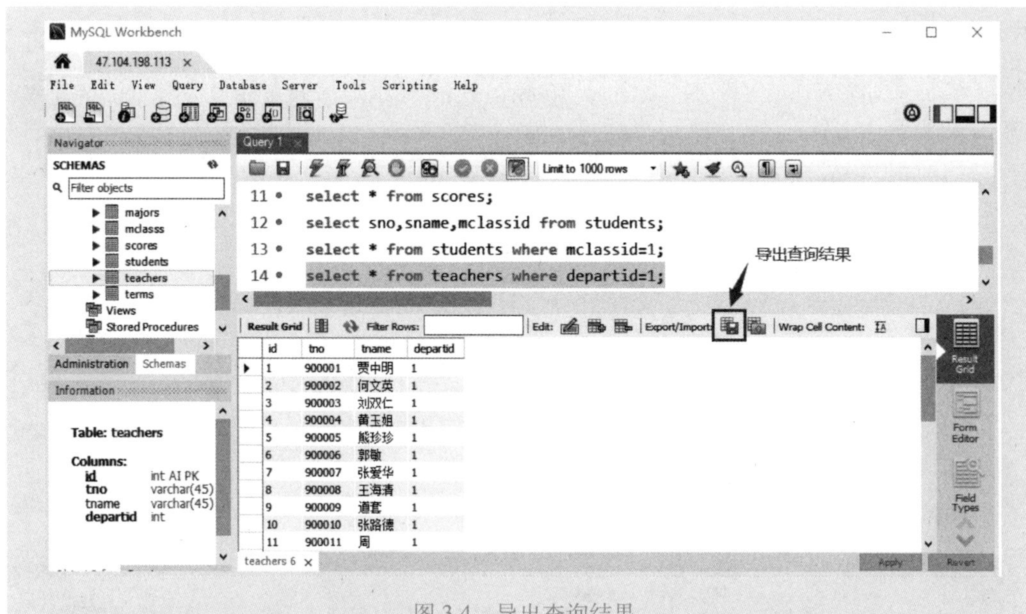

图 3.4　导出查询结果

另外，要导出整个表的数据，还可以右键单击要导出的表，选择“Table Data Export Wizard”，然后按照向导提示操作导出。导出 CSV 格式后，再另存为 XLS 或 XLSX 格式。

课堂练习

①导出全校所有专业名称，生成 Excel 文件。
②将本班的同学的学号和姓名导出，生成 Excel 文件。
③将本专业的所有班级导出为 Excel 文件。

任务 3.2　修改与删除记录

3.2.1　UPDATE 语句

在 MySQL 中，可以使用 UPDATE 语句来修改、更新一个或多个表的数据。使用 UPDATE语句修改单个表，语法格式为：

```
UPDATE 表名　SET 字段 1=值 1 [,字段 2=值 2… ] [WHERE 子句 ]
```

SET 子句：用于指定表中要修改的字段名及其值，每个指定的列值可以是表达式，也可以是该列对应的默认值。如果指定的是默认值，可用关键字 DEFAULT 表示列值。

WHERE 子句：可选项。用于限定表中要修改的行。若不指定，则修改表中所有的行。

示例 3.5

查询 STUDENTS 表,命令:select * from students;,执行结果如图 3.5 所示。pwd 字段没有值,现在统一给 pwd 字段赋值为"abc"。

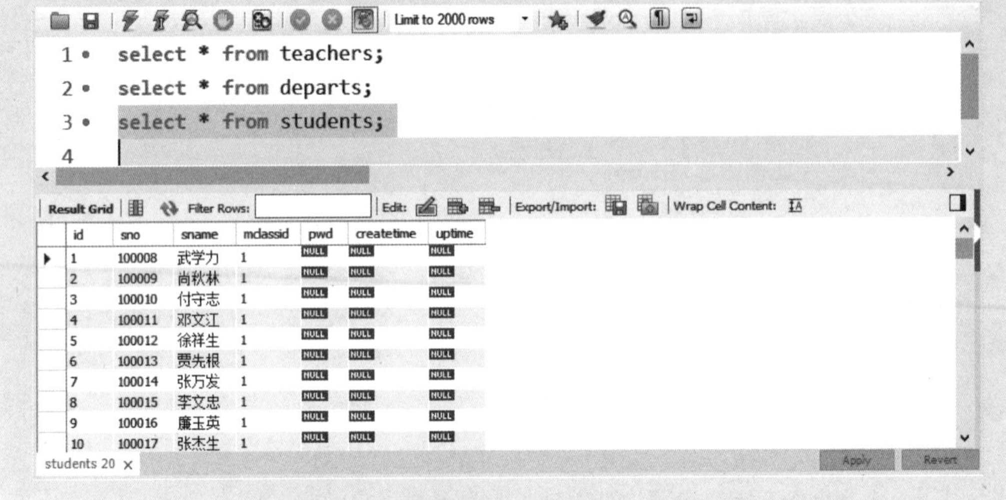

图 3.5　查询 Students 表

```
UPDATE STUDENTS SET PWD='abc';
SELECT * FROM STUDENTS;
```

注:因为 MySQL 运行在 safe-updates 模式下,该模式会导致非主键条件下无法执行 update 或者 delete 命令。一种办法是添加条件,如:Update students set pwd='abc' where id>0;,也可以执行命令:SET SQL_SAFE_UPDATES = 0;。

课堂练习

操作 STUDNETS 表:

①将所有记录的 CREATETIME 字段和 UPTIME 字段更新为当前日期时间(提示:NOW())。

②将 ID 小于 10 的记录的密码字段 PWD 更新为 123456,UPTIME 字段更新为当前日期时间。

③将 PWD 字段使用 MD5 加密(提示:MD5())。

操作其他表:

④将 DEPARTS 表中"计算机学院"改为"信息技术学院"。

⑤将 MCLASSS 表中"计应 1903"班记录改为"单招"专业类型。

⑥将 COURSES 表中"计算机基础"课程划归到"公共课部"。

3.2.2 DELETE 语句

在 MySQL 中,可以使用 DELETE 语句来删除表的一行或者多行数据。使用 DELETE 语句从单个表中删除数据,语法格式为:

```
DELETE FROM 表名 [WHERE 子句]
```

WHERE 子句:可选项。表示为删除操作限定删除条件,若省略该子句,则代表删除该表中的所有行。

示例 3.6

```
备份 COURSES 表:
CREATE TABLE COURSES2 SELECT * FROM COURSES;
SELECT * FROM COURSE2;
删除 COURSE2 表中所有非本院开出的课程:(若本院 ID=1)
DELETE FROM COURSE2 WHERE DEPARTID!=1;
SELECT * FROM COURSE2;
```

课堂练习

①备份 STUDENTS,命名为 STUDENTS2。
②删除 STUDENTS2 表中 ID 介于[100,110]间的记录。
③删除 STUDENTS2 表中所有记录。

拓展阅读:关于国产数据库 TiDB

TiDB 是 PingCAP 公司自主设计、研发的开源分布式关系型数据库,是一款同时支持在线事务处理与在线分析处理(Hybrid Transactional and Analytical Processing, HTAP)的融合型分布式数据库产品,具备水平扩容或者缩容、金融级高可用、实时 HTAP、云原生的分布式数据库、兼容 MySQL 5.7 协议和 MySQL 生态等重要特性。目标是为用户提供一站式 OLTP(Online Transactional Processing)、OLAP(Online Analytical Processing)、HTAP 解决方案。TiDB 适合高可用、强一致要求较高、数据规模较大等各种应用场景。

PingCAP 成立于 2015 年,是一家企业级开源分布式数据库厂商,提供包括开源分布式数据库产品、解决方案与咨询、技术支持与培训认证服务,致力于为全球行业用户提供稳定高效、安全可靠、开放兼容的新型数据基础设施,解放企业生产力,加速企业数字化转型升级。

TiDB 作为通用分布式数据库,已被全球超过 1 500 家企业用于线上生产环境,涉及金融、电信、政府、能源、公共事业、高端制造、新零售、物流、互联网、游戏等多个行业。

思考题

①NULL 是什么意思?
②主键和外键的区别是什么?
③什么是 SQL 注入? 如何预防 SQL 注入?
④为什么要尽量设定一个主键?
⑤drop,delete 与 truncate 的区别是什么?

模块 4　查询 MySQL 记录

【知识目标】

- 掌握单表查询语法结构。
- 掌握常用聚合函数。
- 熟练使用 like、between、in 查询。
- 熟练掌握分组查询。
- 掌握多表查询常用方法。
- 掌握内连接、左外联、右外联等连接方法。
- 掌握子查询在不同场景下的应用。

【技能要求】

- 会根据需求进行单表查询。
- 会使用聚合函数进行分组。
- 会模糊查询和范围查询。
- 能用多表查询解决复杂查询问题。
- 会使用连接查询和子查询。

任务 4.1　创建单表基本查询

单表查询和多表查询主要用到的数据库是 studb 数据库和 erp 进销存数据库。studb 数据库关系图谱如学生信息管理 E-R 图(图 2.22)所示。erp 进销存数据库关系图谱如图4.1所示。

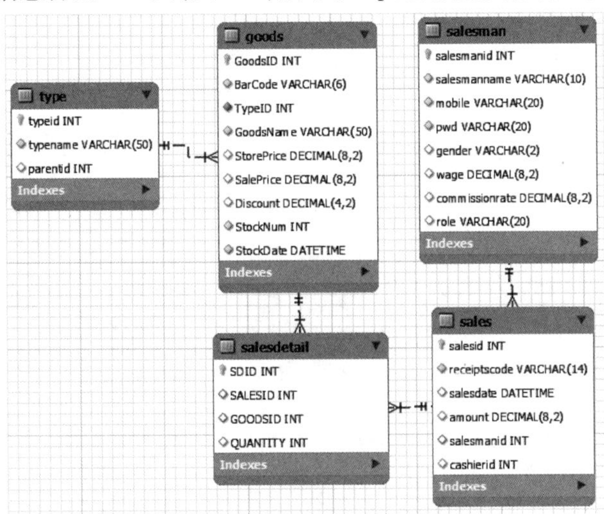

图 4.1　进销存数据库表间关系

4.1.1 SELECT 子句

MySQL 使用频率最高的语句是 SELECT 查询语句，SELECT 语句允许从一个表或多个表中选择满足给定条件的一个或多个行或列，可以使数据库服务器根据客户的要求查询所需要的信息，并按规定的格式返回给客户。基本语法如下：

```
SELECT  * | 字段列表
FROM 表名
[WHERE 条件表达式 ]
[GROUP BY 字段列表 | HAVING 条件表达式 ]
[ORDER BY 字段 [ASC | DESC]]
[ LIMIT  N] [OFFSET  M]
```

语法说明：

①必需的子句是 SELECT 子句和 FROM 子句。

②SELECT 子句显示字段名，列名间用“，”隔开，“ * ”代表查询所有列。

③FROM 子句指定要查询的表或视图，可以是多个，之间用“，”隔开，表示多表查询。

④WHERE 子句用于对查询结果进行过滤，根据具体的查询选择使用。

⑤ORDER BY 子句对查询结果进行排序。

⑥LIMIT 子句确定返回的记录数，OFFSET 指定开始查询的数据偏移量，默认为 0。

选择列表在 SELECT 关键字之后，用于指定需要在查询返回的结果集中所包含的字段(列)信息。ORDER BY 、GROUP BY 、LIMIT 等子句我们将在后续任务中逐一介绍。

(1)查询所有列

当查询结果集需要返回表中全部列时，可使用“ * ”代替全部列名。

示例 4.1

显示所有学生的信息，查询结果如图 4.2 所示。

```
USE STUDB ;
SELECT  *  FROM  STUDENTS ;
```

Result Grid | Filter Rows: | Edit: | Export/Import: | Wrap Cell Content:

id	sno	sname	mclassid	pwd	createtime	uptime
1	100008	武学力	1	900150983cd24fb0d6963f7d28e17f72	2021-07-03 15:33:38	NULL
2	100009	尚秋林	1	900150983cd24fb0d6963f7d28e17f72	2021-07-03 15:33:38	NULL
3	100010	付守志	1	900150983cd24fb0d6963f7d28e17f72	2021-07-03 15:33:38	NULL
4	100011	邓文江	1	900150983cd24fb0d6963f7d28e17f72	2021-07-03 15:33:38	NULL
5	100012	徐祥生	1	900150983cd24fb0d6963f7d28e17f72	2021-07-03 15:33:38	NULL
6	100013	贾先根	1	900150983cd24fb0d6963f7d28e17f72	2021-07-03 15:33:38	NULL
7	100014	张万发	1	900150983cd24fb0d6963f7d28e17f72	2021-07-03 15:33:38	NULL
8	100015	李文忠	1	900150983cd24fb0d6963f7d28e17f72	2021-07-03 15:33:38	NULL
9	100016	廉玉英	1	900150983cd24fb0d6963f7d28e17f72	2021-07-03 15:33:38	NULL

图 4.2　显示学生信息

课堂练习

操作数据库 STUDB:
①查询所有部门信息(DEPARTS 表)。
②查询所有教师信息(TEACHERS 表)。
③查询所有课程信息(COURSES 表)。
④查询所有专业课程信息(MAJOR_GRADE_TERM_COURSES 表)。
操作数据库 ERP:
⑤查询所有产品信息。
⑥查询所有类别信息。
⑦查询所有销售信息。

(2)查询部分列

在日常查询数据过程中,有时仅需显示用户所关注的数据列,而不必显示所有列。在进行部分列查询时,列与列之间将使用“,”隔开;MySQL 针对表名、列名、关键字等所有名字均不区分大小写,表名 students 与 STUDENTS,字段 sname 与 SNAME,关键字 select 与 SELECT 同义。

示例 4.2

显示所有学生的编号、学号、姓名、班级信息,查询结果如图 4.3 所示。

```
USE studb ;
SELECT  id , sno , sname , mclassid  FROM  students ;
```

Result Grid | Filter Rows: | Edit: | Export/Import: | Wrap Cell

id	sno	sname	mclassid
1	100008	武学力	1
2	100009	尚秋林	1
3	100010	付守志	1
4	100011	邓文江	1
5	100012	徐祥生	1
6	100013	贾先根	1
7	100014	张万发	1
8	100015	李文忠	1
9	100016	康玉英	1

图 4.3 查询结果

课堂练习

操作数据库 STUDB:
①查询老师的工号和姓名。
②查询课程名称和开出院部 ID。
③查询班级名称和所属专业 ID。

> 操作数据库 STUDB：
> ④查询产品编号、产品名称和入库时间。
> ⑤查询类别名称。
> ⑥查询所有销售单号、流水号、销售日期信息。

(3)改变列标题

定义数据表时，列名一般是英文的，不够直观，可以采用 as 或空格使查询结果中的列名显示为列标题。

1)使用 AS 关键字显示列标题

示例 4.3

使用 AS 关键字修改学生表的列显示，查询结果如图 4.4 所示。

```
USE studb ;
SELECT   id AS 编号, sno AS 学号, sname AS 姓名, mclassid AS 班级编号
FROM students ;
```

Result Grid | Filter Rows: | Export: | Wrap Cell Content:

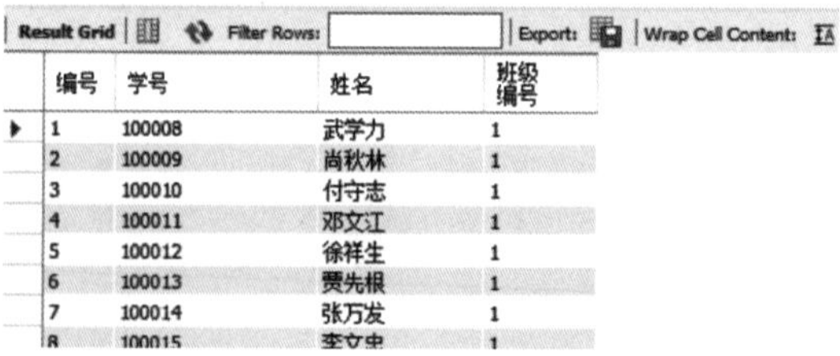

编号	学号	姓名	班级编号
1	100008	武学力	1
2	100009	尚秋林	1
3	100010	付守志	1
4	100011	邓文江	1
5	100012	徐祥生	1
6	100013	贾先根	1
7	100014	张万发	1
8	100015	李文忠	1

图 4.4　查询结果

课堂练习

> 使用 AS 关键字定义别名查询数据库 STUDB：
> ①查询教师的工号和姓名。
> ②查询课程名称和开出院部 ID。
> ③查询班级名称和所属专业 ID。

2)使用空格显示列标题

示例 4.4

使用空格修改学生表的列显示，查询结果如图 4.5 所示。

```
USE studb ;
SELECTid 编号, sno 学号, sname 姓名, mclassid 班级编号
FROM students ;
```

	编号	学号	姓名	班级编号
▶	1	100008	武学力	1
	2	100009	尚秋林	1
	3	100010	付守志	1
	4	100011	邓文江	1
	5	100012	徐祥生	1
	6	100013	贾先根	1
	7	100014	张万发	1
	8	100015	李文忠	1
	9	100016	廉玉英	1

图 4.5　查询结果

课堂练习

使用空格定义别名查询数据库 ERP：

①查询产品编号、产品名称和入库时间。

②查询类别名称。

③查询所有销售单号、流水号、销售日期信息。

4.1.2　运算符与表达式

从 MySQL 表中使用 SELECT 语句来读取数据。如果要对查询结果进行过滤，可将 WHERE 子句添加到 SELECT 语句中。基本语法如下：

[WHERE 条件表达式 1　[AND [OR]] 条件表达式 2……

说明：WHERE 子句使用 AND 或者 OR 指定多个或一个条件，WHERE 子句也可以运用于 SQL 的 DELETE 或者 UPDATE 命令。

(1)比较运算符

条件语句中经常使用比较运算符，用来测定列和值的关系，然后根据比较的结果采取行动，表 4.1 为比较运算符及其含义。

表 4.1　比较运算符

运算符	含义
=	等于
>	大于
<	小于
>=	大于等于
<=	小于等于
<>	不等于
! =	不等于

示例 4.5

使用单条件查询,课程 courses 表中显示 MySQL 数据库的详细信息,查询结果如图4.6所示。

```
SELECT * FROM courses WHERE cname='MySQL 数据库';
```

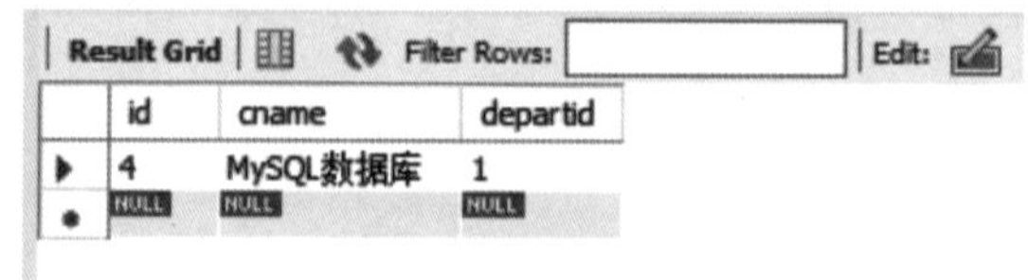

图 4.6　查询结果

课堂练习

操作数据库 STUDB:
①查询某老师的详细信息。
②查询某班的全体学生信息。
③查询某专业开设的所有课程信息。
操作数据库 ERP:
④查询销售价格大于 800 元的产品信息。
⑤查询店员“李春波”的信息。
⑥查询某日的销售记录。

(2)逻辑运算符

一些复杂的业务需求用单条件不能解决,WHERE 子句需要用多条件查询解决问题。多条件查询是指在 WHERE 子句中包括多个查询条件,每个条件项需要使用 MySQL 的逻辑运算符进行连接,表 4.2 列出了 MySQL 主要逻辑运算符。逻辑运算符用来表示日常交流中的“并且”“或者”“除非”等思想。逻辑运算符是在形式逻辑中,逻辑运算符或逻辑连接词将语句连接成更复杂的语句。

表 4.2　逻辑运算符

运算符	含义
AND	并且
OR	或者
NOT	取反
IS NULL	如果列值为 NULL 则返回 TRUE,否则返回 FALSE

示例 4.6

查询人工智能专业普招班的课程体系，查询结果如图 4.7 所示。

```
SELECT * FROM major_grade_term_courses WHERE majorid=4 AND typeid=1
```

	id	grade	majorid	term	typeid	courseid	thour	zhour
▶	18	2020	4	2020-2021-2	1	4	64	16
	19	2020	4	2020-2021-2	1	5	80	16
	20	2020	4	2020-2021-2	1	19	36	2
	21	2020	4	2020-2021-2	1	20	54	6
*	NULL	NULL	NULL	NULL	NULL	NULL	NULL	NULL

图 4.7　查询结果

课堂练习

操作数据库 STUDB：

①查询大数据与计算机应用专业开设的课程。

②查询 2020 级计算机应用技术专业开设的课程。

③查询 MAJOR_GRADE_TERM_COURSES 表，本学期开设“MySQL 数据库”课程的记录信息。

操作数据库 ERP：

④查询某导购员在某日的销售信息。

⑤查询男性导购员信息。

任务 4.2　使用关键字查询

4.2.1　DISTINCT 关键字

在 MySQL 中，DISTINCT 关键字的主要作用就是对数据库表中一个或者多个字段重复的数据进行过滤，只返回其中一条数据给用户，DISTINCT 只能在 SELECT 中使用。DISTINCT 进行去重的主要原理是先对要进行去重的数据进行分组操作，然后从分组后的每组数据中取一条返回给客户端。

基本语法如下：

```
SELECT DISTINCT 字段名 FROM 表名
```

在使用 DISTINCT 的过程中主要注意以下几点：

- 在对字段进行去重的时候，要保证 DISTINCT 在所有字段的最前面
- 如果 DISTINCT 关键字后面有多个字段，则会对多个字段进行组合去重，只有多个字段组合起来的值是相等的才会被去重。

示例 4.7

①根据 STUDENTS 学生表,查询所涉及的班级编号 mclassid。

②根据 MCLASSS 班级表,查询各年级开设的专业。

```
USE studb ;
SELECT DISTINCT MCLASSID FROM STUDENTS ;
SELECT DISTINCT GRADE, MAJORID FROM MCLASSS ;
```

课堂练习

```
USE STUDB ;
①查询班级 MCLASSS 表中所有不同的专业编号。
②查询课程 COURSES 表中所有开出课程的部门编号。
③查询教师 TEACHERS 表中所有教师来自的部门编号。
USE ERP ;
④查询销售明细表中不重复的商品编号。
⑤查询销售明细表中不重复的销售编号。
⑥查询商品表中不重复的产品类型编号。
```

4.2.2 LIKE 关键字

如果数据库用户在进行数据查询时,不知道查询实体的全部信息,仅知道其部分信息,即可进行模糊查询。模糊查询需要用到 LIKE 关键字,同时要在条件筛选中使用通配符。通配符是一种在 WHERE 子句中拥有特殊意义的字符,主要包括"%"和"_"等。

(1)"%"通配符

"%"用来匹配 0 到多个任意字符。

示例 4.8

查询教师表中姓李的老师的信息,查询结果如图 4.8 所示。

```
SELECT * FROM teachers WHERE tname LIKE '李%';
```

Result Grid | Filter Rows: | Edit: | Export/Import: | Wrap Cell Content:

	id	tno	tname	departid
▶	14	2002073700	李东	1
	15	2019400005	李雪	1
	16	1985055500	李彦林	NULL
*	NULL	NULL	NULL	NULL

图 4.8 查询结果

课堂练习

USE STUDB；
①查询教师 TEACHERS 表中姓名中包含“平”字的教师。
②查询课程 COURSES 表中含有“MySQL”字符的课程。
③查询班级 MCLASSS 表中含有“大数据”的所有班级。
USE ERP；
④查询商品表中包含“鞋”的商品信息。
⑤查询店员表中姓名结尾是“清”的店员信息。

(2)“_”通配符

“_”通配符的功能与“%”类似，仅匹配任意一个字符。如需匹配两个字符，则使用“_ _”。

示例 4.9

查询教师表中姓李的，只有 2 个字的老师，查询结果如图 4.9 所示。

```
SELECT  *  FROM teachers WHERE tname  LIKE  '李_';
```

Result Grid | Filter Rows: | Edit: | Export/Import: | Wrap Cell Content:

	id	tno	tname	departid
▶	14	2002073700	李东	1
	15	2019400005	李雪	1
*	NULL	NULL	NULL	NULL

图 4.9 查询结果

课堂练习

USE STUDB；
①查询学生表中姓“王”的两个字的学生信息。
②查询学生表中名字最后一个字是“兰”的学生信息。
USE ERP；
③查询店员表中姓“李”且名字是三个字的店员信息。

4.2.3 IN 与 NOT IN 关键字

IN 运算符也称为“成员条件运算符”，用于判断一个值是否在一个指定的数据集合之内。当 IN 前面加上 NOT 运算符时，表示与 IN 相反的意思，即不在这些列表项内选择。

示例 4.10

查询学生表中学号为 100011，100014，100020，100025 的学生明细信息，查询结果如图 4.10 所示。

```
SELECT *  FROM students  WHERE sno  IN ('100011','100014','100020','100025');
```

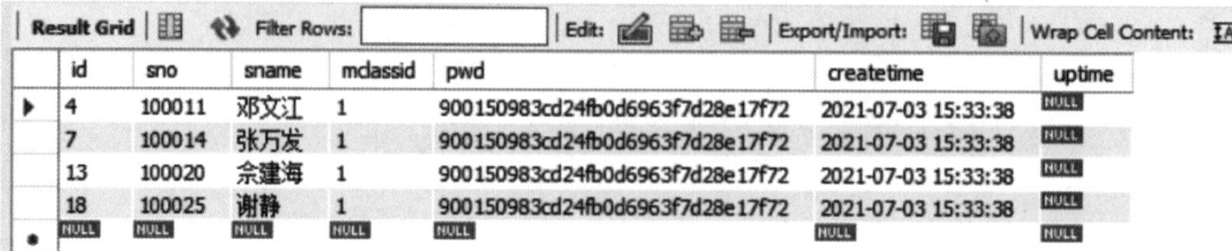

id	sno	sname	mclassid	pwd	createtime	uptime
4	100011	邓文江	1	900150983cd24fb0d6963f7d28e17f72	2021-07-03 15:33:38	NULL
7	100014	张万发	1	900150983cd24fb0d6963f7d28e17f72	2021-07-03 15:33:38	NULL
13	100020	余建海	1	900150983cd24fb0d6963f7d28e17f72	2021-07-03 15:33:38	NULL
18	100025	谢静	1	900150983cd24fb0d6963f7d28e17f72	2021-07-03 15:33:38	NULL
NULL	NULL	NULL	NULL	NULL	NULL	NULL

图 4.10　查询结果

使用 OR 运算符实现 IN 运算符功能,改造上面业务。

```
SELECT *  FROM students  WHERE  sno ='100011'  OR  sno ='100014' OR sno = '100020'  OR  sno ='100025';
```

IN 运算符与 OR 运算符相比,其优点是:当选择条件很多时,采用 IN 运算符运行效率更高。

课堂练习

USE STUDB;

①使用 IN 关键字查询学生表中“郑玉新”“金长顺”“李永泽”三位学生信息。

②使用 IN 关键字查询“计应 2001”“大数据 2001”“人工智能 2001”班的学生信息。

③查询编号为 3、5、7、9 的教师信息。

USE ERP;

④使用 IN 关键字查询类别为 4、5 的商品信息。

示例 4.11

使用 NOT IN 关键字查询不含学号为 100011,100014,100020,100025 的其他学生信息。

```
SELECT *  FROM students  WHERE sno  NOT  IN ('100011','100014','100020','100025');
```

课堂练习

USE STUDB;

①使用 NOT IN 关键字查询 2000 级中不是“计应 2001”“大数据 2001”“人工智能 2001”的班级信息。

②使用 NOT IN 关键字查询公共课部、马克思主义学院、创新创业学院开出的所有课程信息。

③使用 NOT IN 关键字查询非信息技术学院、非马克思主义学院的所有教师信息。

4.2.4 BETWEEN...AND 关键字

BETWEEN...AND 运算符选取介于两个值之间的数据,这些值可以是数字和日期类型(取值范围包括边界值)。如果字段的值在指定范围内,则满足条件,该字段所在的记录将被查询出来,反之则不会被查询出来。语法格式如下:

```
SELECT * |{字段名 1,字段名 2,…}
FROM 表名
WHERE 字段名 [NOT] BETWEEN 值 1 AND 值 2
```

语法格式中的“值 1”表示范围条件的起始值,“值 2”表示范围条件的结束值,包含两边界值。NOT 是可选参数,使用 NOT 关键字表示查询指定范围之外的记录。

示例 4.12

使用 BETWEEN AND 关键字查询专业中专业编号在 4 到 8 之间的专业信息,查询结果如图 4.11 所示。

```
SELECT *  FROM majors WHERE  id BETWEEN  4  AND 8;
```

Result Grid | Filter Rows: | Edit: | Export/Import:

id	mname	departid
4	畜牧兽医	2
5	园林工程技术	2
6	动物医学	2
7	电子商务	3
8	大数据与会计	3
NULL	NULL	NULL

图 4.11 查询结果

课堂练习

USE STUDB;

①使用 BETWEEN AND 关键字查询工号在 900051—900060 之间的教师信息。

②使用 BETWEEN AND 关键字查询“2021-09-01 00:00:00”至“2021-12-31 23:59:59”之间更新过学生信息的学生记录。

USE ERP;

③使用 BETWEEN AND 关键字查询销售价格在 600~1 000 元范围内的产品信息。

④使用 BETWEEN AND 关键字查询 SALES 表中销售日期从“2021-10-01”到当前的所有销售记录。

4.2.5 IS NULL 与 IS NOT NULL 关键字

在数据表中,某些列的值可能存在空值(NULL),空值不同于 0,也不同于空字符,在 MySQL 中,使用 IS NULL 关键字来判断一个字段的值是否为空值,IS NOT NULL 关键字判

断一个字段的值非空,基本语法格式如下:

```
SELECT * | 字段名 1,字段名 2,…
FROM 表名
WHERE 字段名 IS [NOT] NULL
```

示例 4.13

这里我们先给教师 TEACHERS 表添加一个电话号码 PHONE 字段,将给部分记录添加电话号码。简单查询结果如图 4.12 所示。

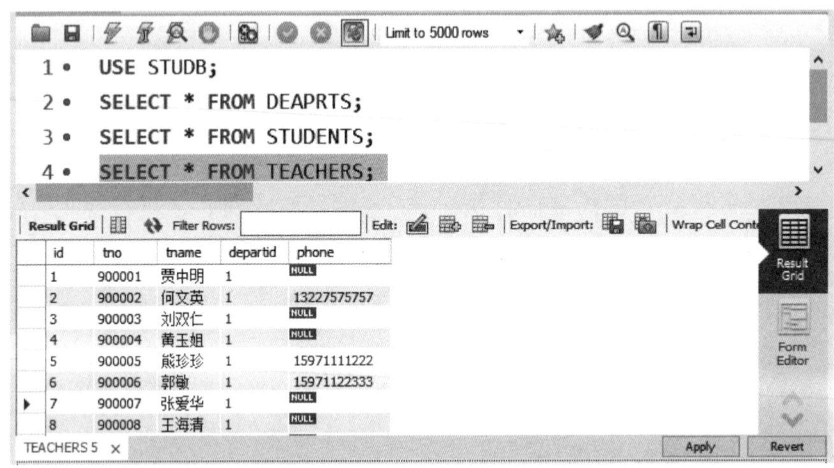

图 4.12　IS NULL 关键字查询

现分别查询所有还没有填写电话号码的教师和已填写电话号码的教师信息,查询语句如下:

```
SELECT * FROM TEACHERS WHERE PHONE IS NULL;
SELECT * FROM TEACHERS WEHRE PHONE IS NOT NULL;
```

课堂练习

USE STUDB;

①使用 UPDATE 命令为 STUDENTS 表中部分学生添加 CREATETIME、UPTIME 字段值(当前日期时间)。

②使用 NULL 关键字查询还没有给 CREATETIME 字段赋值的所有学生。

③使用 NULL 关键字查询已经更新个人信息的学生(UPTIME 字段)。

USE ERP;

④使用 NULL 关键字查询销售人员表 SALESMAN 中已经填报个人联系方式(MOBILE 字段)的员工信息。

⑤使用 NULL 关键字查询 TYPE 表商品类型表中所有二级类别的名称。

4.2.6　LIMIT 子句限制查询结果

LIMIT 是 MySQL 中的一个特殊关键字，它可以对查询结果的记录条数进行限定，控制它输出的行数。LIMIT 子句被用于强制 SELECT 语句返回指定的记录数，常用于实现分页功能，从某页到下一页面，每页显示 N 条信息，这样可提高查询响应速度。语法格式如下：

```
SELECT * FROM table LIMIT [offset,] rows
```

说明：

- 参数 offset 和 rows 必须为整数，offset 可以省略。
- offset 指定第一个返回记录行的偏移量。注意：初始记录行是 0，不是 1。
- rows 指定返回行的最大条目。

示例 4.14

查询教师表中前 10 条记录，查询结果如图 4.13 所示。

```
SELECT * FROM teachers limit 10;
```

id	tno	tname	departid
1	1988079000	曾鸿	1
2	1995052500	卜舒慧	2
3	2013005300	綦保	1
4	2017400121	綦敏	3
5	2011135900	陈舒	NULL
6	2017400115	陈哲	3
7	2003072300	代颖	1
8	1985072400	付秀芝	NULL
9	2009207700	高延伟	1
10	2014401001	管锐	NULL
NULL	NULL	NULL	NULL

图 4.13　LIMIT 查询结果

查询学生信息表 STUDENTS 中从第 11 条记录开始后的 5 条记录，查询语句及查询结果如图 4.14 所示。

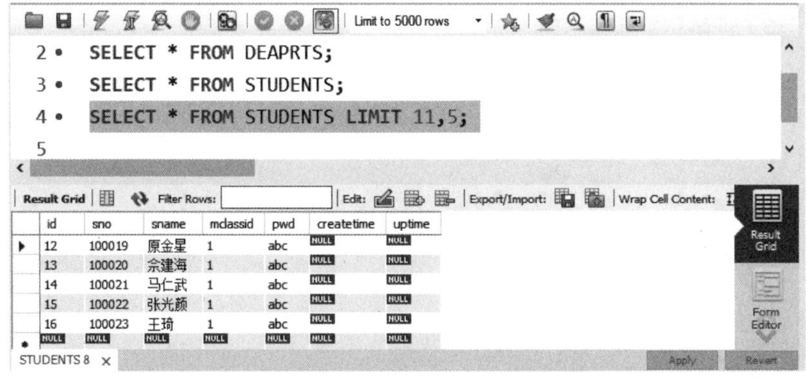

```
SELECT * FROM DEAPRTS;
SELECT * FROM STUDENTS;
SELECT * FROM STUDENTS LIMIT 11,5;
```

id	sno	sname	mclassid	pwd	createtime	uptime
12	100019	原金星	1	abc	NULL	NULL
13	100020	佘建海	1	abc	NULL	NULL
14	100021	马仁武	1	abc	NULL	NULL
15	100022	张光颜	1	abc	NULL	NULL
16	100023	王琦	1	abc	NULL	NULL
NULL	NULL	NULL	NULL	NULL	NULL	NULL

图 4.14　LIMIT 偏移量查询结果

课堂练习

USE STUDB；
①查询教师 TEACHERS 表中从第 11 个开始后(第 10 个以后)的 5 名教师信息。
②查询学生 STUDENTS 表中第 11 页的学生信息(每页 10 条)。
USE ERP；
③查询产品表中前 5 个产品信息。
④查询产品表中从第 3 个开始后(第 2 个以后)的 5 个产品信息。

4.2.7 ORDER BY 关键字

用 ORDER BY 指令来达到排序的目的。ORDER BY 的语法如下：

```
[ORDER BY 字段 [ASC | DESC]]
```

说明：[ ]代表 WHERE 是一定需要的。不过，如果 WHERE 子句存在的话，它是在 ORDER BY 子句之前。ASC 代表结果会以由小往大的顺序列出，而 DESC 代表结果会以由大往小的顺序列出。如果两者皆没有被写出的话，默认为 ASC。

对 SELECT 查询结果进行排序。

(1)单列排序

排序的列是单一的，例如：按“员工工资”降序方式显示员工信息，或者按“工龄”升序显示员工信息，等等。

示例 4.15

按教师工号排序(升序)，查询结果如图 4.15 所示。

```
SELECT  *  FROM  teachers  ORDER BY tno;
SELECT  *  FROM  teachers  ORDER BY tno  ASC;
```

Result Grid | Filter Rows: | Edit: | Export/Import: | Wrap Cell Content:

id	tno	tname	departid
42	1983079900	赵世均	1
16	1985055500	李彦林	NULL
8	1985072400	付秀芝	NULL
46	1985098700	周传发	2
24	1988057000	乾润梅	NULL
27	1991076100	宋红安	1
28	1991076800	王韩非	1
47	1991090100	周密	1
37	1991124601	杨道奇	NULL
23	1992056700	彭亦郿	NULL
36	1993077900	熊伟	NULL
26	1993094900	沈友明	1
40	1994038300	张娜	NULL
2	1995052500	卜舒慧	2
30	1998077100	王勤龙	1
39	1998078500	杨雪	1
22	1999074700	罗进	1
11	2000072700	何平	1

图 4.15　查询结果

课堂练习

USE STUDB；
①按教师姓名排序。
②查询学生信息，按班级排序。
USE ERP；
③按产品销售价格的降序排序。
④按产品库存数量的升序排序。

(2)多列排序

排序过程中需要使用多列，例如查询产品信息时，按“产品类型”升序、“单价”降序排序，又或者查看订单时，按“订单日期”升序、“订单金额”降序排序，都属于多列排序。

示例 4.16

教师授课表按教师 ID 升序、课程 ID 降序排序，查询结果如图 4.16 所示。

```
SELECT * FROM teacher_courses ORDER BY teacherid,gmscourseid DESC;
```

id	term	teacherid	mclassid	gmscourseid
2	2020-2021-2	1	1	5
1	2020-2021-2	1	1	4
4	2020-2021-2	1	2	4
3	2020-2021-2	6	1	7
NULL	NULL	NULL	NULL	NULL

图 4.16 查询结果

查询班级信息，按年级降序、专业升序排序。查询语句及结果如图 4.17 所示。

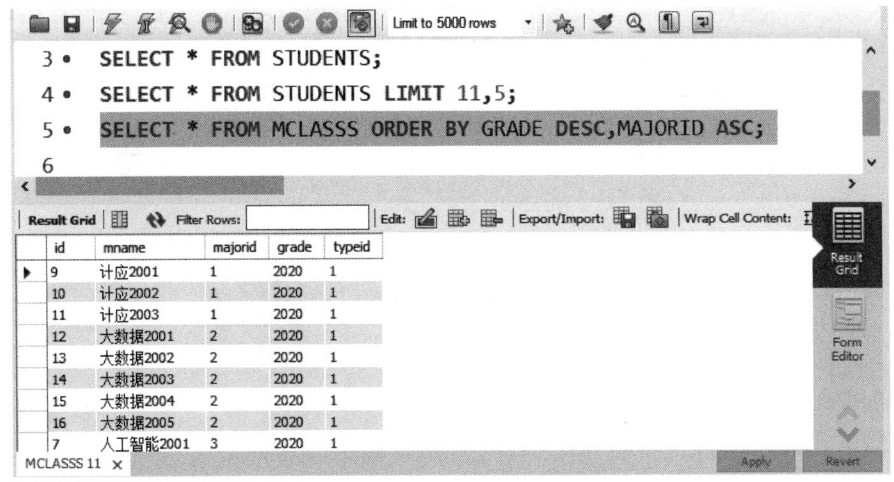

图 4.17 多字段排序查询

课堂练习

USE STUDB；

①教师授课表按教师 ID 降序、课程 ID 升序排序。

②查询教学进程表 MAJOR_GRADE_TERM_COURSES，按学期降序、年级降序、专业升序查询。

USE ERP；

③产品表按产品类型 ID 升序、产品 ID 降序排序。

④销售明细表按销售 ID 升序、产品 ID 降序排序。

任务 4.3　使用聚合函数和分组查询

MySQL 提供了一些对数据进行统计的函数，用于实现特定功能，如统计记录个数、求某数值字段的和、求某字段的最大值或最小值等。另外，在对表中数据进行统计时，也可能需要按照一定的类别进行统计，比如查询本学期每位老师各带了多少门课，这就需要用到分组 GROUP BY 关键字查询。

4.3.1　聚合函数

聚合函数用于对一组值进行计算并返回一个汇总值。使用聚合函数可以统计记录行数、计算某个字段值的总和以及这些值的最大值、最小值和平均值等，常用的聚合函数如表 4.3 所示。

表 4.3　聚合函数

函数名称	函数功能
SUM	返回选取的某列值的总和
MAX	返回选取的某列的最大值
MIN	返回选取的某列的最小值
AVG	返回选取的某列的平均值
COUNT	返回选取的某列或记录的行数

(1)SUM 函数

MySQL 函数库中的 SUM 函数用于对数值型字段的值累加求和，它可以指定字段或符合条件的字段值之和，计算时忽略 NULL 值。

示例 4.17

查询 2020 级人工智能专业普招班在第 2020-2021-2 学期开出的总学时数，查询结果如图 4.18 所示。

```
SELECT SUM(thour)    FROM    major_grade_term_courses
WHERE grade=2020    AND majorid=5    AND typeid=1 AND term='2020-2021-2';
```

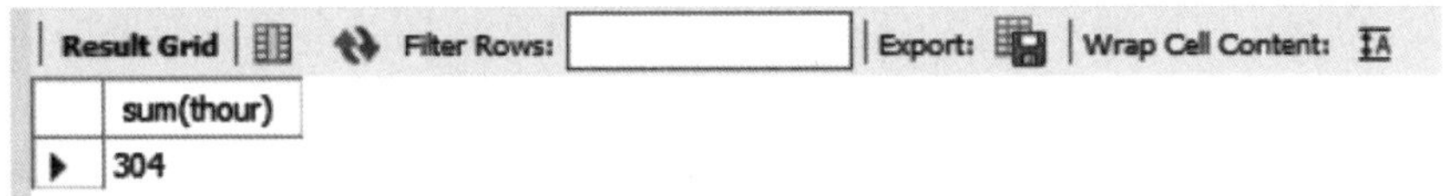

图 4.18　SUM 查询结果

课堂练习

USE STUDB;
①统计本班本学期开出的学时总数。
USE ERP;
②统计某商品销售总额。
③统计某销售员在某段时间内销售商品的总价值。

(2)MAX/MIN 函数

MAX、MIN 函数分别用于统计数值型字段值的最大值和最小值。通过这两个函数可以分别计算指定字段或满足条件字段的最大值和最小值。

示例 4.18

查 2020 级人工智能专业普招班在第 2020-2021-2 学期开出的课程最大学时数,查询结果如图 4.19 所示。

```
SELECT    MAX(thour)    FROM    major_grade_term_courses
WHERE grade=2020    AND majorid=5    AND typeid=1    AND term='2020-2021-2';
```

图 4.19　MAX/MIN 查询结果

课堂练习

USE STUDB;
①统计教师 TEACHERS 表中的最小工号和最大工号。
②统计学生 STUDENTS 表中最后一次更新记录的时间和第一次更改记录的时间。
USE ERP;
③统计目前商品 GOODS 表中最贵商品单价和最便宜商品单价。
④统计 SALE 表中最后一次售出商品的时间。

(3)AVG 函数

AVG 函数用于返回数值型字段的平均值,列值为 NULL 的字段不参与运算。

示例 4.19

查询 2020 级人工智能专业普招班在第 2020-2021-2 学期开出的课程平均学时数,查询结果如图 4.20 所示。

```
SELECT AVG(thour) FROM  major_grade_term_courses
WHERE grade=2020 AND majorid=5 AND typeid=1 AND term=' 2020-2021-2 ';
```

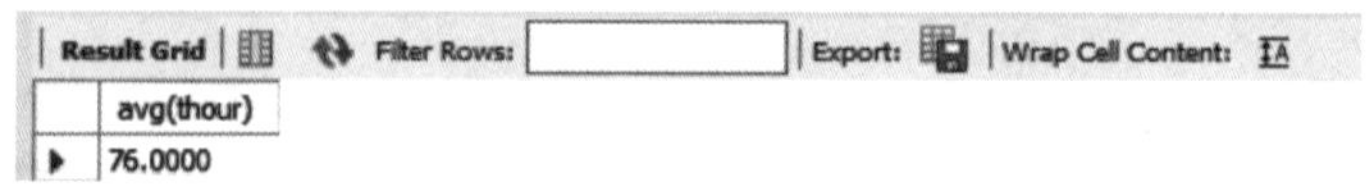

avg(thour)
76.0000

图 4.20　AVG 查询结果

课堂练习

USE STUDB;

①统计某年级专业开出的课程平均课时数。

②统计某班某学期的平均周课时数。

USE ERP;

③统计目前商品 GOODS 表中商品均价。

(4)COUNT 函数

COUNT 函数用于统计记录行数,使用 COUNT 函数时,必须指定一个列的名称或使用“*”。使用可获取整张表的记录行数,使用 COUNT(column1)统计 column1 列值的数目时,column1 列值为 NULL 的不计入。

示例 4.20

查询教师表中共有多少人,查询结果如图 4.21 所示。

```
select count( * ) from tb_teachers;
```

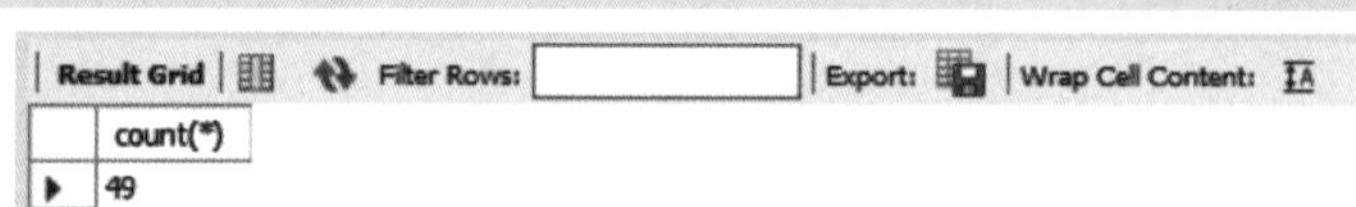

count(*)
49

图 4.21　COUNT 查询结果

统计归属于本院的课程数有多少,查询语句与结果如图 4.22 所示。

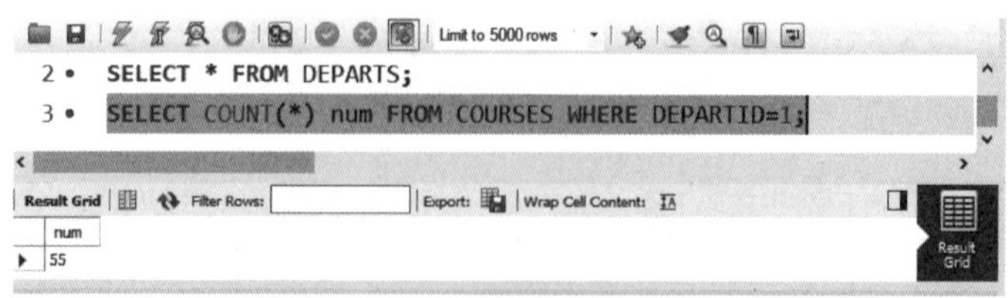

图 4.22　记录数统计查询结果

课堂练习

USE STUDB；
①统计某班级人数。
②统计某班某学期开出了多少门课。
③统计在校年级中某专业共有多少个班。
USE ERP；
④统计某段时间内商品销售产生了多少笔记录。
⑤查询某价格范围内的商品有多少种。

4.3.2　GROUP BY 分组

使用 GROUP BY 子句可以将数据划分到不同的组中，实现对记录的分组查询。GROUP BY 从英文字面的意义上可以理解为"根据(by)一定的规则进行分组(group)"，通过关键字 GROUP BY 按照某个字段或者多个字段的值对数据进行分组，形成分类汇总记录。

(1)GROUP BY 子句

GROUP BY 子句的作用是通过一定的规则将一个数据集划分成若干个小的区域，然后针对这若干个小区域进行统计汇总。

```
GROUP BY 字段列表 [HAVING 条件表达式]
```

说明：
①"字段列表"表示进行分组所依据的一个或多个字段的名称。
②"HAVING 条件表达式"是一个逻辑表达式，用于指定分组后的筛选条件。
③GROUP BY 子句通常与聚合函数同时使用。

示例 4.21

查询任课表中出现的任课老师编号，查询结果如图 4.23 所示。

```
SELECT  teacherid  FROM teacher_courses  GROUP BY teacherid；
或：
SELECT DISTINCT teacherid FROM teacher_courses；
```

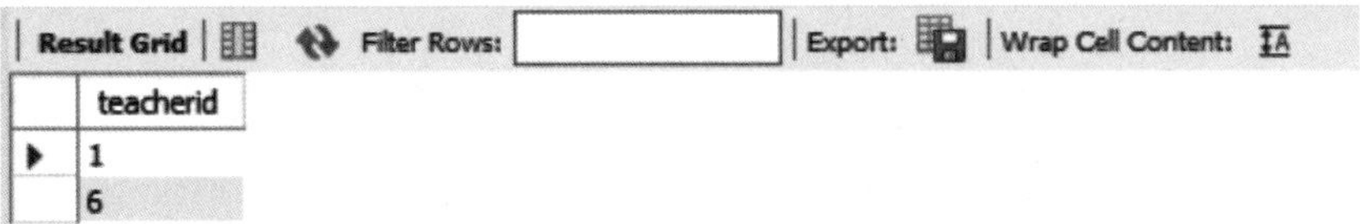

图 4.23　查询结果

课堂练习

USE STUDB；

①使用 GROUP BY 查询教师 TEACHERS 表中有哪些部门（DEPARTID）已登记员工信息。

USE ERP；

②统计产品表中不同产品类型的产品数。

③查询销售明细中每单出现的产品种类数。

④统计不同类型的产品数量、单件产品的最低进货价和最高销售毛利。

（2）分组之前过滤数据

WHERE 子句表达式对查询结果进行过滤筛选，GROUP BY 子句对 WHERE 子句的输出进行分组。出现在 SELECT 子句中的非聚合函数列一定要出现在 GROUP BY 子句的分组字段列表当中。GROUP BY 子句的分组字段是一个字段列表，即 MySQL 支持按多个字段进行分组。

具体的分组策略是：分组优先级从左至右，即先按第一个字段进行分组，然后在第一个字段值相同的记录中，再根据第二个字段的值进行分组……以此类推。

示例 4.22

查询在 2020-2021-2 学期各老师带了几个班的课，查询结果如图 4.24 所示。

```
SELECT   teacherid,COUNT( * ) FROM teacher_courses
WHERE term='2020-2021-2' GROUP BY teacherid;
```

	teacherid	count(*)
▶	1	3
	6	1

图 4.24　查询结果

分析：teacherid 为非聚合函数列，但它不是分组列字段。

改进业务，统计每个学期每位老师带了几个班的课，查询结果如图 4.25 所示。

```
SELECT term , teacherid , COUNT( * ) total   FROM teacher_courses
GROUP BY term , teacherid ;
```

	term	teacherid	total
▶	2020-2021-2	1	3
	2020-2021-2	6	1

图 4.25　查询结果

课堂练习

USE STUDB;
①分类统计各部门教职工人数。
②分类统计各专业班级数。
③分类统计各班级人数。
USE ERP;
④查询产品表中售价在800元以上的产品类型编号。
⑤查询销售明细中售出产品数量大于2的产品编号。
⑥查询销售明细中售出产品数量大于2的销售编号。

(3)使用 HAVING

HAVING 子句的作用是筛选满足条件的组,即在分组之后过滤数据,如显示部门员工平均工资大于4 000元的部门分组信息。HAVING 子句的位置放在 GROUP BY 子句之后,它常包含聚合函数,表6.4列出了 WHERE 子句与 HAVING 子句的区别。

表4.4 比较 WHERE 子句和 HAVING 子句

类别	WHERE 子句	HAVING 子句
相同	过滤数据	
不同	对结果集进行过滤筛选	对分组的结果进行筛选

示例4.23

统计各部门教师数量,并显示教师数大于20的部门编号和教师数量,查询结果如图4.26所示。

```
SELECT departid,COUNT( * ) total FROM   teachers
GROUP BY departid   HAVING total>20;
```

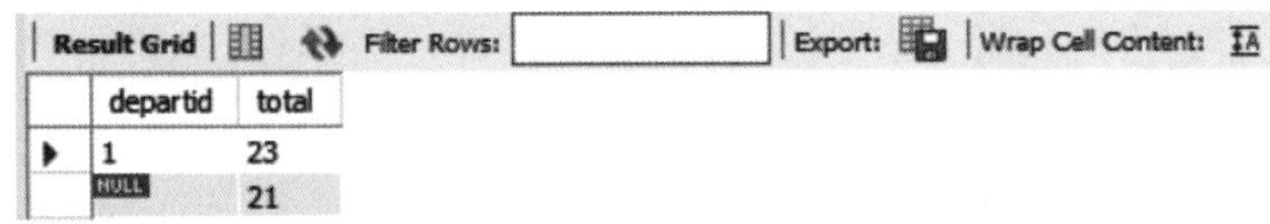

图4.26 查询结果

课堂练习

①统计产品表中不同产品类型的库存数,只显示库存数量大于60的结果。
②查询销售明细中每单出现的产品种类数,只显示种类大于2的结果。
③查询销售明细中不同产品的销售量,只显示销售量大于5的结果。

(4)WITH ROLLUP 选项

WITH ROLLUP 选项位于 GROUP BY 子句之后,它的作用是对分组结果进行汇总。

示例 4.24

统计各部门教师数量,并显示结果汇总,查询结果如图 4.27 所示。

```
SELECT   departid , COUNT( * ) total   FROM teachers
GROUP BY departid   WITH ROLLUP ;
```

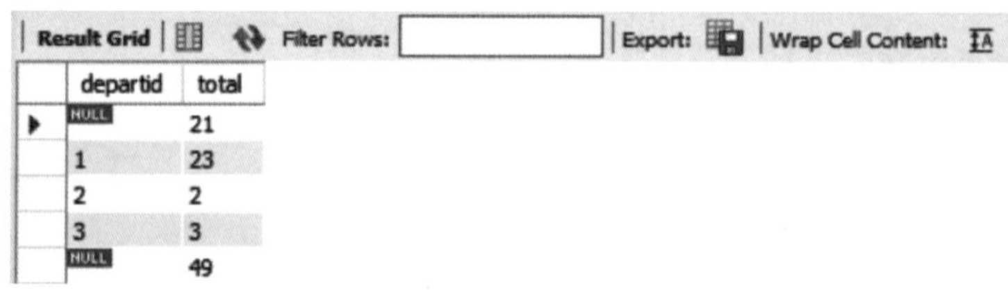

图 4.27　查询结果

课堂练习

①统计产品表中不同产品类型的库存数,汇总结果。
②查询销售明细中每单出现的产品种类数,汇总结果。
③查询销售明细中不同产品的销售量,汇总结果。

任务 4.4　应用系统内置函数查询

MySQL 中提供了丰富的内置函数,通过使用这些函数可以简化用户对数据的操作。这些函数包括数学函数、字符串函数、日期时间函数、条件判断函数、加密函数等。以下主要介绍几种常用内置函数。

4.4.1　数学函数

数学函数主要用来处理与数值字段有关的数学计算类操作,主要数学函数如表 4.5 所示。

表 4.5　数学函数

函数名称	含义
ABS(X)	返回 X 的绝对值
CEILING(X)	返回大于 X 的最小整数值
EXP(X)	返回 e(自然对数的底数)的 X 幂
FLOOR(X)	返回小于 X 的最大整数值
LN(X)	返回 X 的自然对数

续表

函数名称	含义
LOG(X,Y)	返回以 Y 为底的 X 的对数
MOD(X,Y)	返回 X 除以 Y 的余数(模)
PI()	返回 PI 的值(圆周率)
RAND()	返回 0 至 1 间的随机数
ROUND(X,Y)	返回 X 精确到小数点后 Y 位四舍五入的值
SIGN(X)	返回代表数字 X 的符号值(X 小于 0 为-1,等于 0 为 0,大于 0 为 1)
SQRT(X)	返回 X 的平方根
TRUNCATE(X,Y)	返回 X 精确到小数点后 Y 位不四舍五入的值

示例 4.25

统计 MAJOR_GRADE_TERM_COURSES 表中所有课程的平均值、不小于平均值的整数、不大于平均值的整数,查询语句及结果如图 4.28 所示。

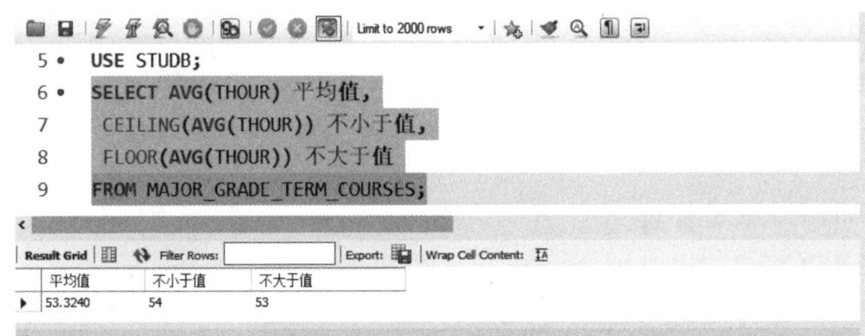

图 4.28　应用数学函数查询

课堂练习

USE STUDB;

①统计 MAJOR_GRADE_TERM_COURSES 表中平均周课时(ZHOUR),精确到小数点后 2 位。

②统计 MAJOR_GRADE_TERM_COURSES 表中,按年级、专业分类汇总平均课时数,并使用 CEILING()、FLOOR()函数求相应的值。

USE ERP;

③针对 GOODS 表中 STOREPRICE、SALEPRICE 等数值字段,应用 CEILING()、FLOOR()、ROUND()函数查询。

4.4.2　字符串函数

字符串函数是对字符串或数据表中字符型字段值进行相关操作,如截子串、求串长、串连接等。MySQL 提供的常用字符串处理函数如表 4.6 所示。

表 4.6　字符串函数

函数名称	含义
LENGTH(str)	返回字符串 str 的长度
CONCAT(s1,s2,…)	返回一个或者多个字符串连接产生的新字符串
SUBSTRING(str,n,len)	获取从字符串 str 中第 n 个位置开始长度为 len 的字符串
LEFT(str,x)	返回字符串 str 中最左边 x 个字符
RIGHT(str,x)	返回字符串 str 中最右边 x 个字符
LOWER(str)	将字符串 str 中所有英文字母转化为小写字母
UPPER(str)	将字符串 str 中所有英文字母转化为大写字母

示例 4.26

若学生信息 STUDENTS 表中有一个出生年月字段 BIRTHDAY,数据格式为(YYYY-MM-DD),查询 2000 年出生的所有学生,查询语句如下:

```
SELECT * FROM STUDENTS WHERE LEFT(BIRTHDAY , 4)='2000';
或
SELECT * FROM STUDENTS WHERE SUBSTRING(BIRTHDAY , 1 , 4)='2000';
```

查询教师 TEACHERS 表,组合姓名与工号输出,如:张三(900001),查询语句与结果如图 4.29 所示。

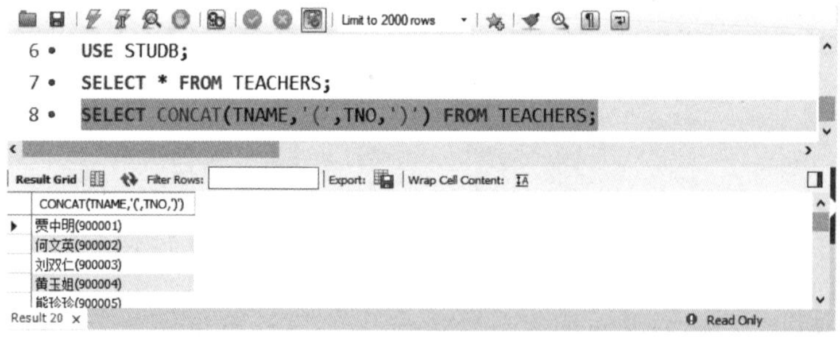

图 4.29　CONCAT 应用查询

课堂练习

USE STUDB;

①若学生信息 STUDENTS 表中有一个出生年月字段 BIRTHDAY,数据格式为(YYYY-MM-DD),查询所有在 3 月出生的学生信息。

②查询 STUDENTS 表中的学号(SNO)、姓名(SNAME)和创建日期(CREATETIME)的年份。

③针对 STUDENTS 表,组合姓名与学号字段输出,格式为:姓名(学号)。

USE ERP;

④将 GOODS 表中商品名称 GOODSNAME 字段中英文字母以大写形式显示。

4.4.3　日期和时间函数

通过系统日期、时间函数可以对日期字段进行日期时间处理，如获取当前时间、将日期串转化为日期等操作。MySQL 提供的常用系统日期时间函数如表 4.7 所示。

表 4.7　日期和时间函数

函数名称	含义
CURDATE( )	返回当前日期(YYYY-MM-DD)
NOW( )	返回当前日期时间(YYYY-MM-DD HH:MM:SS)
YEAR(D)	返回日期 D 中的年份
MONTH(D)	返回日期 D 中的月份(1—12)
WEEKDAY(D)	返回日期 D 是星期几(0 表示周日)
DAYOFMONTH(D)	返回日期 D 是本月的第几天
DATEDIFF(D1,D2)	返回日期 D1—D2 相隔的天数
DATE_ADD(D, INTERVAL X YEAR|MONTH|DAY)	返回日期 D 基础上，加 X 年，或 X 月，或 X 天

示例 4.27

为学生 STUDENTS 表中创建时间 CREATETIME 字段为空的记录赋当前日期时间，然后查询所有记录，显示学号、姓名、创建日期时间(星期)，操作语法及结果如图 4.30 所示。

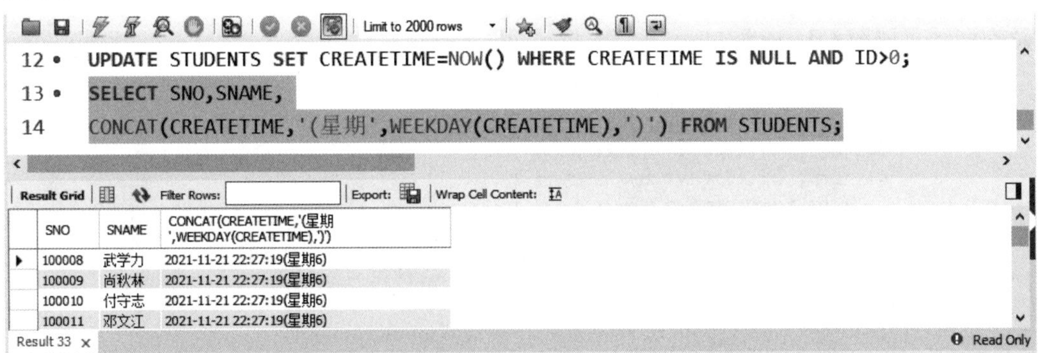

图 4.30　赋值当前日期时间

课堂练习

USE STUDB;

①将 STUDENTS 表创建时间 CREATETIME 更改为 1 年前。

②将 STUDENTS 表中是新时间 UPTIME 字段,所有 ID 为奇数的赋当前时间,所有 ID 为偶数的赋 1 月前的当前时间。

③将个人信息添加到 STUDENTS 表中(表添加有 BIRTHDAY 出生年月字段),查询所有人截至现在出生了多少天。

USE ERP;

④查询 SALES 表中第一笔销售记录与最后一笔销售记录相隔多少天。

4.4.4 条件判断函数

条件判断表达式是为了实现控制流,也就是判断在不同的条件下执行不同的流程,MySQL 中提供了三种条件判断函数:IF()、IFNULL()与 CASE,具体说明见表 4.8。

表 4.8 条件判断函数

函数名称	含义
IF(EXPR,V1,V2)	如果 EXPR 表达式为 TRUE,返回 V1,否则返回 V2
IFNULL(V1,V2)	如果 V1 不为 NULL,返回 V1,否则返回 V2
CASE EXPR WHEN V1 THEN R1 [WHEN V2 THEN R2 …] [ELSE RN] END	如果 EXPR 值等于 V1、V2 等,则返回对应位置的 R1、R2 的值,否则返回 RN 的值

示例 4.28

先给班级 MCLASSS 表添加一个班级人数(NUM)字段,然后添加几条记录,操作语句及查询结果如图 4.31 所示。

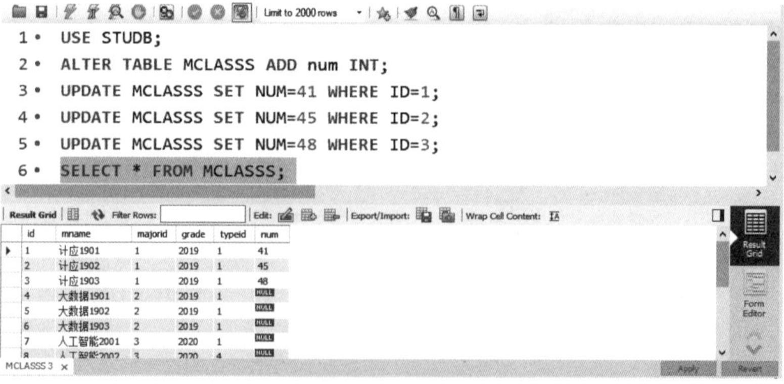

图 4.31 增加 MCLASS 字段并添加记录

查询班级信息，班级人数字段为 NULL 记为 0，分别使用 IF、IFNULL 函数可实现相同查询效果，查询语句和结果如图 4.32 所示。

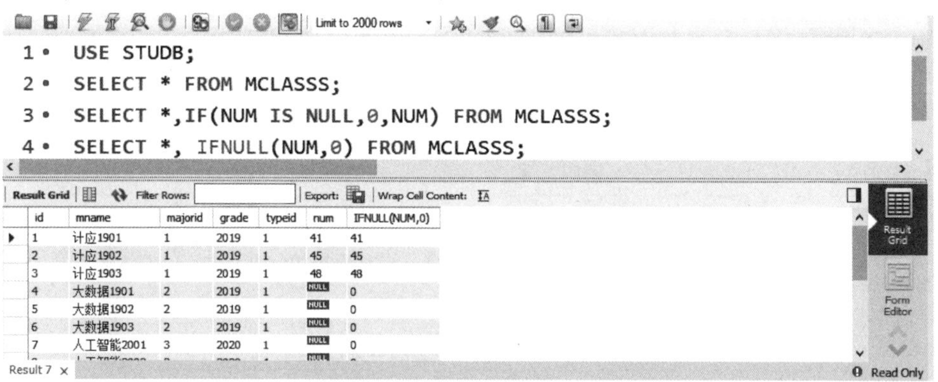

图 4.32 使用 IF、IFNULL 查询

查询显示 STUDENTS 表中更新时间（UPTIME）对应的星期（如：星期六），查询语法与结果如图 4.33 所示。

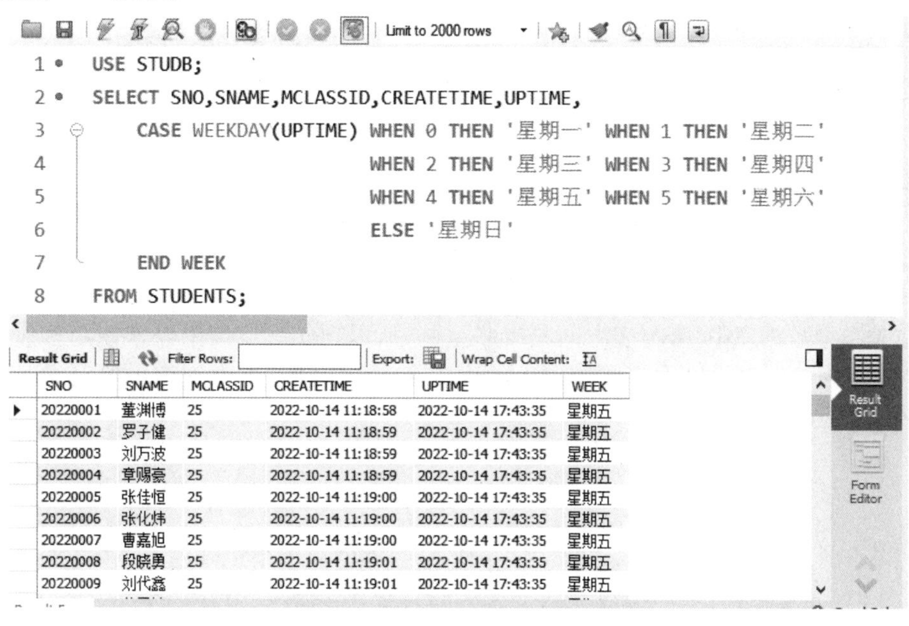

图 4.33 使用 CASE WHEN THEN 查询

课堂练习

USE STUDB；

①使用 IF 或 IFNULL 查询教师 TEACHERS 表，字段 PHONE 值为 NULL 的显示空。

②查询 STUDENTS 表中出生年月（BIRTHDAY）字段对应的星期（如：星期日）。

USE ERP；

③查询 SALES 表中“周一”的销售总额。

4.4.5 加密函数

MySQL 提供了几种加密方法,具体加密方法如表 4.9 所示。

表 4.9 加密函数

函数名称	含义
PASSWORD(S)	密码加密,不可逆
MD5(S)	普通加密,不可逆
ENCODE(STR,KEY)	返回一个二进制数,必须使用 BLOB 类型的字段来保存它,KEY 为密钥
DECODE(STR,KEY)	使用 KEY 作为密钥解密加密字符串 STR

课堂练习

USE STUDB;

①给 STUDENTS 表的密码字段 PWD 用 PASSWORD 函数进行加密。

②给教师信息 TEACHERS 表新增一个 PWD 密码字段,统一初始密码为"abc123",用 MD5 加密。

③给 STUDENTS 表临时增加一个 PWD2 密码字段,用 ENCODE 加密,用 DECODE 解密。

任务 4.5 使用连接查询

在关系型数据库中,表与表之间是有联系的,所以在实际应用中经常使用多表查询。多表查询就是同时查询两个或两个以上的表。在 MySQL 中,多表查询主要有交叉连接、内连接、外连接、子查询。

4.5.1 交叉连接查询

交叉连接(CROSS JOIN)一般用来返回连接表的笛卡尔积。笛卡尔积公式如下:

```
A 表中数据条数  *  B 表中数据条数  = 笛卡尔乘积
```

分析有两个集合,它们的值如图 4.34 所示。

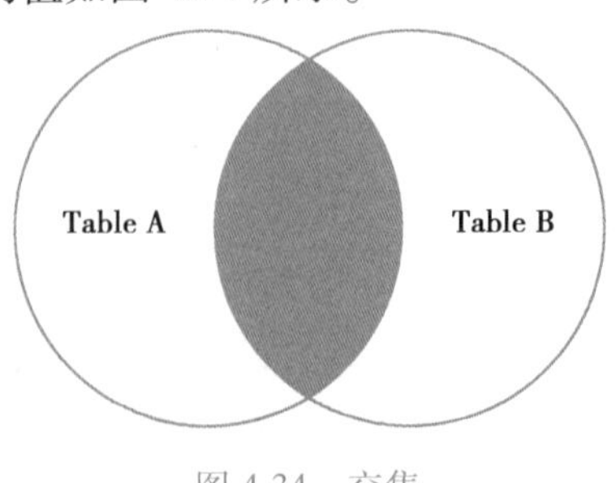

图 4.34 交集

```
A = {1,2}
B = {3,4,5}
# 集合 A * B 的结果集为:
A×B={(1,3), (1,4), (1,5), (2,3), (2,4), (2,5)};
# 集合 B * A 的结果集为:
B×A={(3,1), (3,2), (4,1), (4,2), (5,1), (5,2)};
```

以上 A×B 和 B×A 的结果就叫作两个集合各自的笛卡尔积。语法格式如下:

```
select <字段名>from <tab_name>cross join <tab_name> [where 子句]
#或者使用
select <字段名>from <tab_name>,<tab_name>[where 子句]
```

说明:多表交叉连接时,使用"cross join"或者","皆可,前者是官方建议的标准写法。在交叉连接时使用 where 子句,MySQL 会先生成两个表的笛卡尔积,然后再选择满足 where 条件的记录。因此,表的数量较多时,交叉连接会非常慢,一般情况下不建议使用交叉连接。

示例 4.29

用交叉连接查询学生和班级信息,查询结果如图 4.35 所示。

```
SELECT * FROM students , mclasss ;
```

Result Grid | Filter Rows: | Export: | Wrap Cell Content: | Fetch rows:

id	sno	sname	mclassid	pwd	createtime	uptime	id	mname	majorid	grade	typeid
1	100008	武学力	1	900150983cd24fb0d6963f7d28e17f72	2021-07-03 15:33:38	NULL	15	大数据2004	2	2020	1
1	100008	武学力	1	900150983cd24fb0d6963f7d28e17f72	2021-07-03 15:33:38	NULL	14	大数据2003	2	2020	1
1	100008	武学力	1	900150983cd24fb0d6963f7d28e17f72	2021-07-03 15:33:38	NULL	13	大数据2002	2	2020	1
1	100008	武学力	1	900150983cd24fb0d6963f7d28e17f72	2021-07-03 15:33:38	NULL	12	大数据2001	2	2020	1
1	100008	武学力	1	900150983cd24fb0d6963f7d28e17f72	2021-07-03 15:33:38	NULL	11	计应2003	1	2020	1
1	100008	武学力	1	900150983cd24fb0d6963f7d28e17f72	2021-07-03 15:33:38	NULL	10	计应2002	1	2020	1
1	100008	武学力	1	900150983cd24fb0d6963f7d28e17f72	2021-07-03 15:33:38	NULL	9	计应2001	1	2020	1
1	100008	武学力	1	900150983cd24fb0d6963f7d28e17f72	2021-07-03 15:33:38	NULL	8	人工智能2002	3	2020	4
1	100008	武学力	1	900150983cd24fb0d6963f7d28e17f72	2021-07-03 15:33:38	NULL	7	人工智能2001	3	2020	1
1	100008	武学力	1	900150983cd24fb0d6963f7d28e17f72	2021-07-03 15:33:38	NULL	6	大数据1903	2	2019	1
1	100008	武学力	1	900150983cd24fb0d6963f7d28e17f72	2021-07-03 15:33:38	NULL	5	大数据1902	2	2019	1
1	100008	武学力	1	900150983cd24fb0d6963f7d28e17f72	2021-07-03 15:33:38	NULL	4	大数据1901	2	2019	1
1	100008	武学力	1	900150983cd24fb0d6963f7d28e17f72	2021-07-03 15:33:38	NULL	3	计应1903	1	2019	1
1	100008	武学力	1	900150983cd24fb0d6963f7d28e17f72	2021-07-03 15:33:38	NULL	2	计应1902	1	2019	1
1	100008	武学力	1	900150983cd24fb0d6963f7d28e17f72	2021-07-03 15:33:38	NULL	1	计应1901	1	2019	1
2	100009	尚秋林	1	900150983cd24fb0d6963f7d28e17f72	2021-07-03 15:33:38	NULL	15	大数据2004	2	2020	1
2	100009	尚秋林	1	900150983cd24fb0d6963f7d28e17f72	2021-07-03 15:33:38	NULL	14	大数据2003	2	2020	1
2	100009	尚秋林	1	900150983cd24fb0d6963f7d28e17f72	2021-07-03 15:33:38	NULL	13	大数据2002	2	2020	1

图 4.35　两表交叉查询结果

当连接的两表之间没有关系时,我们会省略掉 where 子句,这时返回结果就是两个表的笛卡尔积,返回结果数量就是两个表的数据行相乘,如果每个表有 1 000 行,那么返回数据量就有 1 000 * 1 000=1 000 000 行,数据量是非常大的。

USE ERP;

①用交叉连接查询销售表和销售明细表信息。

②用交叉连接查询产品表和销售明细表信息。

③用交叉连接查询店员表和销售明细表信息。

USE STUDB;

④创建各专业的所有年级,显示专业名称、年级。

⑤查询每个老师可能来自的院部,显示工号、姓名、院部名称。

⑥查询“计应2001”班每个学生在2020-2021-2学期所在学习的课程,显示学号、姓名、课程名称。

4.5.2 内连接查询

内连接是从结果表的数据行中删除与其他被连接表中没有匹配行的一种连接方式,内连接也叫连接,它还可以被称为普通连接或自然连接,内连接可能会丢失信息。

(1)内连接查询基础

多个表左/右连接时,在ON子句后连续使用LEFT/RIGHT JOIN即可。基本语法如下:

```
SELECT  字段列表
FROM  表1[INNER]  JOIN  表2
ON  表1.列1=表2.列2
```

说明:字段列表中的字段可以是表1也可以是表2中的字段列;表1.列1=表2.列2是连接条件,这里列1和列2是表1与表2的关联列,通常是主键列和外键列。

示例 4.30

使用内连接方法查询大数据2001班的学生信息,查询结果如图4.36所示。

```
SELECT  * FROM  mclasss INNER JOIN students ON mclasss.id = students.mclassid
WHERE  mname = '大数据2001';
```

Result Grid | Filter Rows: | Export: | Wrap Cell Content:

id	mname	majorid	grade	typeid	id	sno	sname	mclassid	pwd	createtime	uptime
12	大数据2001	2	2020	1	287	100320	张正群	12	900150983cd24fb0d6963f7d28e17f72	2021-07-03 15:33:38	NULL
12	大数据2001	2	2020	1	288	100321	贺潆来	12	900150983cd24fb0d6963f7d28e17f72	2021-07-03 15:33:38	NULL
12	大数据2001	2	2020	1	289	100322	杜振喜	12	900150983cd24fb0d6963f7d28e17f72	2021-07-03 15:33:38	NULL
12	大数据2001	2	2020	1	290	100323	汪娟	12	900150983cd24fb0d6963f7d28e17f72	2021-07-03 15:33:38	NULL
12	大数据2001	2	2020	1	291	100324	张志强	12	900150983cd24fb0d6963f7d28e17f72	2021-07-03 15:33:38	NULL
12	大数据2001	2	2020	1	292	100325	姜新来	12	900150983cd24fb0d6963f7d28e17f72	2021-07-03 15:33:38	NULL
12	大数据2001	2	2020	1	293	100326	周新忠	12	900150983cd24fb0d6963f7d28e17f72	2021-07-03 15:33:38	NULL
12	大数据2001	2	2020	1	294	100327	杨万平	12	900150983cd24fb0d6963f7d28e17f72	2021-07-03 15:33:38	NULL
12	大数据2001	2	2020	1	295	100328	尹永芳	12	900150983cd24fb0d6963f7d28e17f72	2021-07-03 15:33:38	NULL
12	大数据2001	2	2020	1	296	100329	周遂汉	12	900150983cd24fb0d6963f7d28e17f72	2021-07-03 15:33:38	NULL
12	大数据2001	2	2020	1	297	100330	邵志雄	12	900150983cd24fb0d6963f7d28e17f72	2021-07-03 15:33:38	NULL
12	大数据2001	2	2020	1	298	100331	夏国义	12	900150983cd24fb0d6963f7d28e17f72	2021-07-03 15:33:38	NULL

图4.36 内连接查询

分析:学生students表与班级mclass表存在一个共同列——mclassid字段,通过该列连接以上两张表,innner可省略。

课堂练习

USE STUDB;
①查询教师及其所属院部信息,显示工号、姓名、所在院部名称。
②查询专业及开设院部信息,显示专业名称、所属院部名称。
USE ERP;
③查询商品名称、进价、销售价以及商品类别名称。
④查询商品类型及其所属大类。(提示:TYPE 表)

(2)简单多表查询

如果在 FROM 子句中直接列出所有要连接的表,然后在 WHERE 子句中指定连接条件,此为简单多表查询,简单多表查询与内连接功能相同。基本语法如下:

```
SELECT   字段列表
FROM   表 1,表 2
WHERE   表 1.列 1=表 2.列 2
```

示例 4.31

使用简单多表查询大数据 2001 班的学生信息,查询结果如图 4.37 所示。

```
SELECT   * FROM   mclasss , students
WHERE mclasss.id = students.mclassid AND mname = '大数据 2001 ';
```

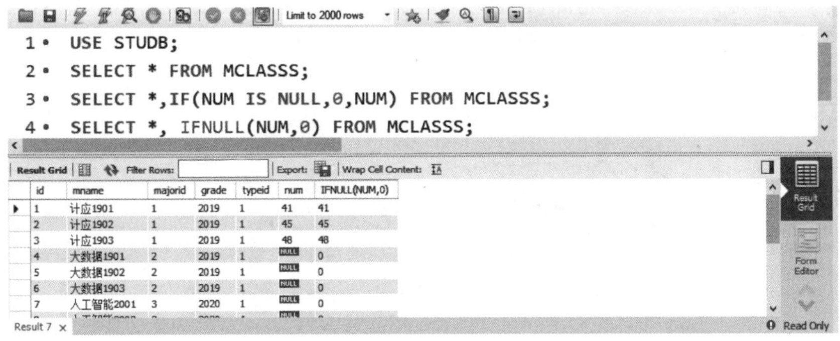

图 4.37　连接查询

课堂练习

USE STUDB;
①查询班级及其所属专业,显示班级名称、专业名称。
②查询学生及其所在班级信息,显示学号、姓名、班级名称。
③查询学生学号、姓名、班级名称、院部名称信息。
USE ERP;
④查询商品类型及其所属大类。(提示:TYPE 表)
⑤查询商品明细(SALESDETAIL)中所售商品名称、销售时间及销售人员姓名。

4.5.3 外连接查询

外连接生成的结果集不仅包含符合条件的行数据，而且还包含连接的左表（左连接时的表）、右表（右连接时的表）中所有的数据行。语法如下：

```
SELECT 字段名称 FROM 表名 1 LEFT|RIGHT[ OUTER]
JOIN 表名 2 ON  表名 1.字段名 1=表名 2.字段名 2
```

（1）左连接查询

左外连接是指将左表中的所有数据分别与右表中每条数据进行连接组合，返回的结果除内连接的数据外，还包含左表中不符合条件的数据，并在右表的相应列中添加 NULL 值，如图 4.38 所示。

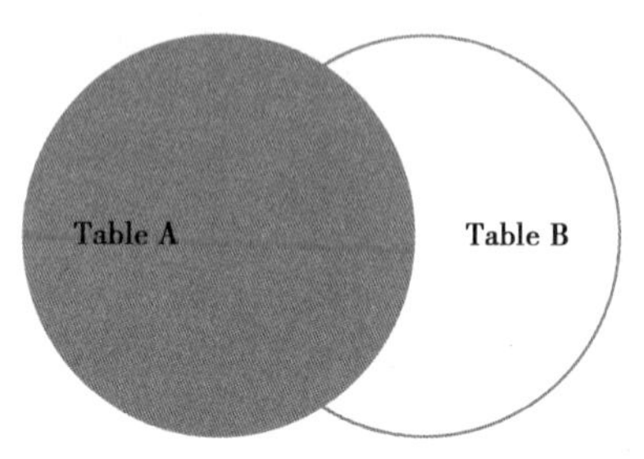

图 4.38 左外连接

示例 4.32

使用左连接查找所有学生的班级信息（即便某些学生没有归属班级也会显示），查询结果如图 4.39 所示。

```
SELECT * FROM students LEFT  JOIN mclasss ON students.mclassid = mclasss.id;
```

Result Grid | Filter Rows: | Export: | Wrap Cell Content:

id	sno	sname	mclassid	pwd	createtime	uptime	id	mname	majorid	grade	typeid
383	100496	钟明根	15	900150983cd24fb0d6963f7d28e17f72	2021-07-03 15:33:38	NULL	15	大数据2...	2	2020	1
384	100498	王桂华	15	900150983cd24fb0d6963f7d28e17f72	2021-07-03 15:33:38	NULL	15	大数据2...	2	2020	1
385	100499	曹国训	15	900150983cd24fb0d6963f7d28e17f72	2021-07-03 15:33:38	NULL	15	大数据2...	2	2020	1
386	100500	徐玉秀	15	900150983cd24fb0d6963f7d28e17f72	2021-07-03 15:33:38	NULL	15	大数据2...	2	2020	1
387	100502	张志英	15	900150983cd24fb0d6963f7d28e17f72	2021-07-03 15:33:38	NULL	15	大数据2...	2	2020	1
388	100504	雷春	15	900150983cd24fb0d6963f7d28e17f72	2021-07-03 15:33:38	NULL	15	大数据2...	2	2020	1
389	100505	张福英	15	900150983cd24fb0d6963f7d28e17f72	2021-07-03 15:33:38	NULL	15	大数据2...	2	2020	1
390	100506	熊万猛	15	900150983cd24fb0d6963f7d28e17f72	2021-07-03 15:33:38	NULL	15	大数据2...	2	2020	1
391	100508	张义娥	15	900150983cd24fb0d6963f7d28e17f72	2021-07-03 15:33:38	NULL	15	大数据2...	2	2020	1
392	100509	陈昌贵	15	900150983cd24fb0d6963f7d28e17f72	2021-07-03 15:33:38	NULL	15	大数据2...	2	2020	1
393	100510	刘丹清	15	900150983cd24fb0d6963f7d28e17f72	2021-07-03 15:33:38	NULL	15	大数据2...	2	2020	1
394	100511	陈新华	15	900150983cd24fb0d6963f7d28e17f72	2021-07-03 15:33:38	NULL	15	大数据2...	2	2020	1
395	100512	任玉海	15	900150983cd24fb0d6963f7d28e17f72	2021-07-03 15:33:38	NULL	15	大数据2...	2	2020	1
396	100513	付秀荣	15	900150983cd24fb0d6963f7d28e17f72	2021-07-03 15:33:38	NULL	15	大数据2...	2	2020	1
397	100514	华荣秀	15	900150983cd24fb0d6963f7d28e17f72	2021-07-03 15:33:38	NULL	15	大数据2...	2	2020	1
398	100516	陈学华	NULL	900150983cd24fb0d6963f7d28e17f72	2021-07-03 15:33:38	NULL	NULL	NULL	NULL	NULL	NULL
399	100517	周艳华	NULL	900150983cd24fb0d6963f7d28e17f72	2021-07-03 15:33:38	NULL	NULL	NULL	NULL	NULL	

图 4.39 左连接查询结果

分析：

- 由于需要显示所有的学生，所以只能外连接。
- 学生 students 表作为连接左表，班级 mclass 表作为右表，则该连接为左连接。
- 班级 mclass 表作为连接左表，学生 students 表作为右表，则该连接为右连接。

课堂练习

USE STUDB;

①查询各院部开设的专业，显示院部名称、专业名称。

②查询各院部所属的教师，显示院部名称、工号、姓名。

USE ERP；

③查询所有商品的销售记录，显示商品名称、销售时间、销售员姓名。

④查询所有商品大类(PARENTID=NULL)的所有类别(二级类别名称)。

(2)右连接查询

右连接是左连接的反向连接，右连接是指将右表中的所有数据分别与左表中每条数据进行连接组合，返回的结果除内连接的数据外，还包含右表中不符合条件的数据，并在左表的相应列中添加 NULL。

示例 4.33

使用右连接查找所有学生的班级信息(即便某些学生没有班级也会显示)，查询结果如图 4.40 所示。

```
SELECT * FROM mclasss  RIGHT  JOIN students
ON mclasss.id = students.mclassid ;
```

Result Grid | Filter Rows: | Export: | Wrap Cell Content:

id	mname	majorid	grade	typeid	id	sno	sname	mclassid	pwd	createtime	uptime
15	大数据2...	2	2020	1	383	100496	钟明根	15	900150983cd24fb0d6963f7d28e17f72	2021-07-03 15:33:38	NULL
15	大数据2...	2	2020	1	384	100498	王桂华	15	900150983cd24fb0d6963f7d28e17f72	2021-07-03 15:33:38	NULL
15	大数据2...	2	2020	1	385	100499	曹国训	15	900150983cd24fb0d6963f7d28e17f72	2021-07-03 15:33:38	NULL
15	大数据2...	2	2020	1	386	100500	徐玉秀	15	900150983cd24fb0d6963f7d28e17f72	2021-07-03 15:33:38	NULL
15	大数据2...	2	2020	1	387	100502	张志英	15	900150983cd24fb0d6963f7d28e17f72	2021-07-03 15:33:38	NULL
15	大数据2...	2	2020	1	388	100504	雷春	15	900150983cd24fb0d6963f7d28e17f72	2021-07-03 15:33:38	NULL
15	大数据2...	2	2020	1	389	100505	张福英	15	900150983cd24fb0d6963f7d28e17f72	2021-07-03 15:33:38	NULL
15	大数据2...	2	2020	1	390	100506	熊万猛	15	900150983cd24fb0d6963f7d28e17f72	2021-07-03 15:33:38	NULL
15	大数据2...	2	2020	1	391	100508	张义娥	15	900150983cd24fb0d6963f7d28e17f72	2021-07-03 15:33:38	NULL
15	大数据2...	2	2020	1	392	100509	陈昌贵	15	900150983cd24fb0d6963f7d28e17f72	2021-07-03 15:33:38	NULL
15	大数据2...	2	2020	1	393	100510	刘丹清	15	900150983cd24fb0d6963f7d28e17f72	2021-07-03 15:33:38	NULL
15	大数据2...	2	2020	1	394	100511	陈新华	15	900150983cd24fb0d6963f7d28e17f72	2021-07-03 15:33:38	NULL
15	大数据2...	2	2020	1	395	100512	任玉海	15	900150983cd24fb0d6963f7d28e17f72	2021-07-03 15:33:38	NULL
15	大数据2...	2	2020	1	396	100513	付秀荣	15	900150983cd24fb0d6963f7d28e17f72	2021-07-03 15:33:38	NULL
15	大数据2...	2	2020	1	397	100514	华荣秀	15	900150983cd24fb0d6963f7d28e17f72	2021-07-03 15:33:38	NULL
NULL	NULL	NULL	NULL	NULL	398	100516	陈学华	NULL	900150983cd24fb0d6963f7d28e17f72	2021-07-03 15:33:38	NULL
NULL	NULL	NULL	NULL	NULL	399	100517	周艳华	NULL	900150983cd24fb0d6963f7d28e17f72	2021-07-03 15:33:38	NULL

图 4.40 右连接查询结果

课堂练习

将左连接中课堂练习题使用右连接实现。

USE STUDB；

①查询各院部开设的专业，显示院部名称、专业名称。

②查询各院部所属的教师，显示院部名称、工号、姓名。

③查询各班级的学生信息，显示班级名称、学号、姓名。

USE ERP；

④查询所有商品的销售记录，显示商品名称、销售时间、销售员姓名。

⑤查询所有商品大类(PARENTID=NULL)的所有类别(二级类别名称)。

(3)全连接查询

全连接查询会显示左右表中全部数据,可以理解为在内连接基础上增加左右两边都没有显示的数据,值得注意的是,MySQL 并不支持 fulljoin 关键字,所以我们需要间接实现,使用 union 关键字。

示例 4.34

查找所有学生和班级信息(所有学生的信息和所有班级的信息都显示出来),查询结果如图 4.41 所示。

```
SELECT * FROM students left OUTER JOIN mclasss ON students.mclassid =mclasss.id
union
SELECT * FROM  students RIGHT OUTER JOIN mclasss ON students. mclassid =
mclasss.id ;
```

Result Grid | Filter Rows: | Export: | Wrap Cell Content:

id	sno	sname	mclassid	pwd	createtime	uptime	id	mname	majorid	grade	typeid
384	100498	王桂华	15	900150983cd24fb0d6963f7d28e17f72	2021-07-03 15:33:38	NULL	15	大数据2...	2	2020	1
385	100499	曹国训	15	900150983cd24fb0d6963f7d28e17f72	2021-07-03 15:33:38	NULL	15	大数据2...	2	2020	1
386	100500	徐玉秀	15	900150983cd24fb0d6963f7d28e17f72	2021-07-03 15:33:38	NULL	15	大数据2...	2	2020	1
387	100502	张志英	15	900150983cd24fb0d6963f7d28e17f72	2021-07-03 15:33:38	NULL	15	大数据2...	2	2020	1
388	100504	雷春	15	900150983cd24fb0d6963f7d28e17f72	2021-07-03 15:33:38	NULL	15	大数据2...	2	2020	1
389	100505	张福英	15	900150983cd24fb0d6963f7d28e17f72	2021-07-03 15:33:38	NULL	15	大数据2...	2	2020	1
390	100506	熊万猛	15	900150983cd24fb0d6963f7d28e17f72	2021-07-03 15:33:38	NULL	15	大数据2...	2	2020	1
391	100508	张义娥	15	900150983cd24fb0d6963f7d28e17f72	2021-07-03 15:33:38	NULL	15	大数据2...	2	2020	1
392	100509	陈昌贵	15	900150983cd24fb0d6963f7d28e17f72	2021-07-03 15:33:38	NULL	15	大数据2...	2	2020	1
393	100510	刘丹清	15	900150983cd24fb0d6963f7d28e17f72	2021-07-03 15:33:38	NULL	15	大数据2...	2	2020	1
394	100511	陈新华	15	900150983cd24fb0d6963f7d28e17f72	2021-07-03 15:33:38	NULL	15	大数据2...	2	2020	1
395	100512	任玉海	15	900150983cd24fb0d6963f7d28e17f72	2021-07-03 15:33:38	NULL	15	大数据2...	2	2020	1
396	100513	付秀荣	15	900150983cd24fb0d6963f7d28e17f72	2021-07-03 15:33:38	NULL	15	大数据2...	2	2020	1
397	100514	华荣秀	15	900150983cd24fb0d6963f7d28e17f72	2021-07-03 15:33:38	NULL	15	大数据2...	2	2020	1
398	100516	陈学华	NULL	900150983cd24fb0d6963f7d28e17f72	2021-07-03 15:33:38	NULL	NULL	NULL	NULL	NULL	NULL
399	100517	周艳华	NULL	900150983cd24fb0d6963f7d28e17f72	2021-07-03 15:33:38	NULL	NULL	NULL	NULL	NULL	NULL
NULL	NULL	NULL	NULL	NULL	NULL	NULL	16	大数据2...	2	2020	1

图 4.41　全连接查询结果

课堂练习

①使用全外连接查询计算机应用技术专业的所有班级信息

②使用全外连接查询类型名为“篮球鞋”的产品信息。

③使用全外连接查询类型名为“篮球鞋”的销售信息。

任务 4.6　创建子查询

子查询(Subquery)是一个嵌套(nest)在 SELECT、INSERT、UPDATE 和 DELETE 语句或其他子查询中的查询,任何允许使用表达式的地方均可使用子查询,最常见于 WHERE 子句。

4.6.1 子查询基础

(1)子查询基本知识

子查询的实质是:一个 SELECT 子句的查询结果能够作为另一个子句的输入值。子查询不仅可用在 WHERE 子句中,还能够用于 FROM 子句和 SELECT 子句,根据子查询所返回的结果行数,可以将其分为单行子查询和多行子查询。

编写复杂的子查询的解决思路是:逐层分解查询,即从最内层的子查询开始分解,将嵌套的 SQL 语句拆分为一个个独立的 SQL 语句。

子查询的执行过程遵循"由里及外"原则,即先执行最内层的子查询语句,然后将执行结果与外层的语句进行合并,依次逐层向外扩展并最终形成完整的 SQL 语句。

一般情况下,连接查询可改为子查询实现,但子查询却不一定可改为连接查询实现。

(2)单行子查询

单行子查询是指子查询的返回结果只有一行数据,当外部查询的结果取决于一个单独的未知值时,就可以使用单行子查询。在主查询的条件语句中引用子查询的结果时,可使用单行比较符(=、>、<、>=、<=和<>)进行比较。

示例 4.35

使用子查询方法查询大数据 2001 班的学生信息,查询结果如图 4.42 所示。

```
USE studb; SELECT sno, sname FROM students WHERE mclassid = (SELECT id FROM mclasss WHERE mname = '大数据 2001');
```

Result Grid | Filter Rows: | Export: | Wrap Cell Content:

sno	sname
100320	张正群
100321	贺潆来
100322	杜振喜
100323	汪娟
100324	张志强
100325	姜新来
100326	周新忠
100327	杨万平
100328	尹永芳
100329	周遂汉
100330	邵志雄
100331	夏国义

图 4.42 查询结果

分析:从班级 mclasss 表中查询"大数据 2001"班的编号,由于 id 为 mclasss 表主键,所以查询结果为一条记录,单行子查询仅能够返回一条记录:

```
SELECT id FROM mclasss WHERE mname = '大数据 2001'
```

根据查询的班级编号,使用等号(=)在学生表中检索出学生编号和姓名信息。

课堂练习

①使用子查询方法查询“BOMBA II 男子足球鞋”的销量。

②使用子查询方法查询“BOMBA II 男子足球鞋”的销售金额。

③使用子查询方法查询“李春波”的销量流水。

(3)多行子查询

多行子查询是指子查询的返回结果是多行数据。多行比较符包括 IN、ALL、ANY 和 SOME。

1)IN 比较符

使用 IN 时,主查询会与子查询中的每一个值进行比较,如果与其中的任意一个值相同,则返回。NOT IN 与 IN 的含义恰好相反。

示例 4.36

查询“计应 1901”“大数据 1901”和“人工智能 2001”三个班的学生信息,要求查看学生的学号和姓名,查询结果如图 4.43 所示。

```
SELECT sno, sname FROM students WHERE mclassid IN
(SELECT id FROM mclasss  WHERE mname in( '计应 1901','大数据 1901', '人工智能 2001'));
```

分析:先查询“计应 1901”“大数据 1901”和“人工智能 2001”三个班的班级编号,查询结果如图 4.44 所示。

Result Grid | Filter Rows

sno	sname
100008	武学力
100009	尚秋林
100010	付守志
100011	邓文江
100012	徐祥生
100013	贾先根
100014	张万发
100015	李文忠
100016	臧玉英
100017	张杰生
100018	李建兵
100019	原金星
100020	佘建海
100021	马仁武
100022	张光颜
100023	王琦
100024	王阳
100025	谢静

students 23 ×

图 4.43　查询结果

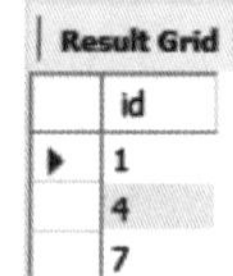

Result Grid

id
1
4
7

图 4.44　查询结果

```
SELECT id FROM mclasss  WHERE mname = '计应 1901'
       OR mname = '大数据 1901'  OR mname = '人工智能 2001';
或者
SELECT id FROM mclasss
       WHERE mname in('计应 1901','大数据 1901','人工智能 2001');
```

再查询“计应 1901”“大数据 1901”和“人工智能 2001”三个班的学生信息。

```
SELECT sno, sname FROM students WHERE mclassid IN (子查询)
```

注意:由于多行子查询返回的结果行数可以为一个,因而单行子查询也是多行子查询的一种特殊情况,所以单行子查询的“=”比较符可以替换为多行子查询的“IN”比较符。但不能将多行子查询的“IN”比较符替换为单行子查询的“=”比较符。

课堂练习

①查询“BOMBA II 男子足球鞋”“FREE 5.0+ 男子跑步鞋”的销量。
②查询“BOMBA II 男子足球鞋”“FREE 5.0+ 男子跑步鞋”的销售金额。
③查询“刘晓惠”“韩树清”的销量流水。

2)使用 ALL 关键字的子查询

通过 ALL 比较运算符将一个表达式或列的值,与子查询所返回的一列值中的每一行进行比较,只要有一次比较的结果为 FALSE(假),则 ALL 测试返回 FALSE,主查询不执行;否则返回 TRUE,执行主查询。基本语法如下:

```
表达式或字段> | <  ALL(子查询)
```

说明:

①ALL 关键字(比较运算符)放置于子查询之前。

②<ALL,小于最小值。

③>ALL,大于最大值。

示例 4.37

查询销售价比所有“跑步鞋”产品购价都高的产品信息,要求输出产品标题和产品销售价。

实现步骤:查询所有跑步鞋类产品的产品编号。

```
SELECT  typeid  FROM  'type'  WHERE  typename='跑步鞋'
```

查询所有跑步鞋类产品的销售价。

```
SELECT  saleprice  FROM  goods WHERE  typeid =(
SELECT  typeid  FROM  'type'  WHERE  typename='跑步鞋')
```

查询销售价比所有“跑步鞋”类产品销售价高的产品信息,查询结果如图 4.45 所示。

```
SELECT goodsname  产品标题, saleprice  产品销售价  FROM  goods
WHERE  saleprice> all(
    SELECT  saleprice  FROM  goods WHERE  typeid =(
        SELECT  typeid  FROM  'type'  WHERE  typename='跑步鞋'))
```

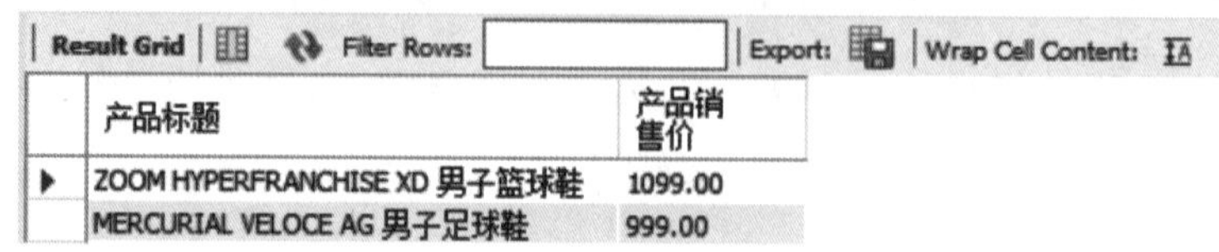

产品标题	产品销售价
ZOOM HYPERFRANCHISE XD 男子篮球鞋	1099.00
MERCURIAL VELOCE AG 男子足球鞋	999.00

图 4.45　查询结果

也可以使用“>”代替“ALL”,我们开始改造代码,采用“>(子查询所获取的最大列值)”方式,SQL 语句如下:

```
SELECT goodsname  产品标题, saleprice  产品销售价  FROM  goods
WHERE  saleprice> (
    SELECT  MAX(saleprice)  FROM  goods WHERE  typeid =(
        SELECT  typeid  FROM  'type'  WHERE  typename='跑步鞋'))
```

课堂练习

查询销售价比所有“篮球鞋”产品购价都低的产品信息,要求输出产品标题和产品销售价。

3)使用 ANY|SOME 关键字的子查询

ANY 或 SOME 用于子查询之前,通过 ANY|SOME 比较运算符,将一个表达式或列的值与子查询所返回的一列值中的每一行进行比较,只要有一次比较的结果为 TRUE,则 ANY 或 SOME 测试返回 TRUE,主查询执行;否则结果为 FALSE,主查询不执行。基本语法如下:

```
表达式或字段单行比较运算符  ANY|SOME(子查询)
```

说明:

- < ANY|SOME,小于最大值。
- = ANY|SOME,与 IN 运算符等价。
- ANY|SOME,大于最小值。

示例 4.38

查询销售价比任意一款“跑步鞋”类产品销售价都高的产品信息,要求输出产品标题和产品团购价,查询结果如图 4.46 所示。

```
SELECT goodsname  产品标题, saleprice  产品销售价  FROM  goods
WHERE  saleprice> ANY(
    SELECT  saleprice  FROM  goods WHERE  typeid =(
        SELECT  typeid  FROM  'type'  WHERE  typename='跑步鞋'))
```

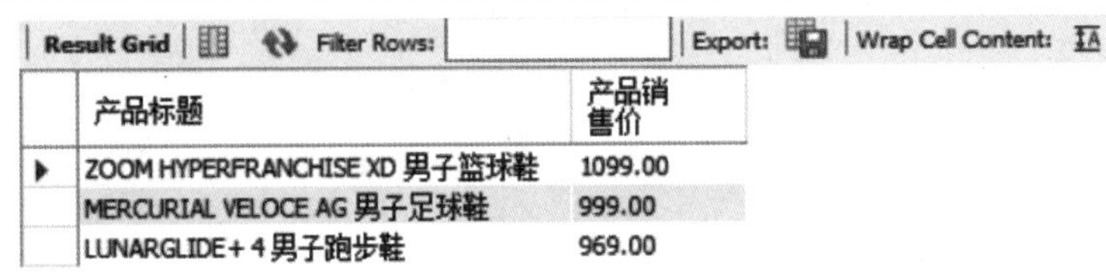

	产品标题	产品销售价
▶	ZOOM HYPERFRANCHISE XD 男子篮球鞋	1099.00
	MERCURIAL VELOCE AG 男子足球鞋	999.00
	LUNARGLIDE+4 男子跑步鞋	969.00

图 4.46　查询结果

4.6.2　子查询进阶

(1)在 FROM 子句中使用子查询

子查询通常用于 WHERE 子句,但其也可在 FROM 子句和 SELECT 子句中使用。在这些场合下使用子查询,有时会实现一些特殊的查询应用。

示例 4.39

为帮助商家提升定价能力,优化产品销售策略,平台在向每位商家提供产品信息的同时,还提供了该类产品的平均价,查询结果如图 4.47 所示。

```
SELECT  A.categoryID  产品类型编号, A.title 产品标题,
    A.currentPrice 产品团购价, B.avgPrice 该类产品平均团购价
FROM  Product  A, ( SELECT categoryID, AVG(currentPrice) avgPrice
    FROM  Product GROUP BY categoryID ) B
WHERE  A.categoryID=B.categoryID
```

	产品类型编号	产品标题	产品销售价	该类产品平均价
▶	4	ZOOM HYPERFRANCHISE XD 男子篮球鞋	1099.00	874.000000
	4	JORDAN COURT AC.1 男子篮球鞋	649.00	874.000000
	5	BOMBA II 男子足球鞋	529.00	764.000000
	5	MERCURIAL VELOCE AG 男子足球鞋	999.00	764.000000
	6	FREE 5.0+ 男子跑步鞋	869.00	919.000000
	6	LUNARGLIDE+4 男子跑步鞋	969.00	919.000000

图 4.47　查询结果

课堂练习

①计算销售账单的销售金额,并按销售金额升序排列

②显示产品类型名及其上级产品类型名。

(2)在 SELECT 子句中使用子查询

在 SELECT 子句中使用子查询,其实质是将子查询的执行结果作为 SELECT 子句的列,可以起到与连接查询异曲同工的作用。在一些复杂的多表连接查询场合,如果在 SELECT子句中使用子查询,其句法结构与使用多表连接查询相比,会显得更加清晰。

示例 4.40

查询产品数和已订购产品个数,查询结果如图 4.48 所示。

```
SELECT COUNT(goodsid) 产品个数,
(SELECT COUNT(DISTINCT goodsid) FROM salesdetail) 已销售产品个数
FROM goods
```

产品个数	已订购产品个数
6	5

图 4.48　查询结果

课堂练习

①查询产品销售均价和已订购产品个数。
②显示产品子类型个数和上级产品类型个数。

(3)EXISTS 子查询

EXISTS 指定一个子查询,用于检测行的存在。当子查询的行存在时,则执行主查询表达式,否则不执行。语法如下:

```
主查询表达式 [NOT] EXISTS (子查询)
```

说明:

- EXISTS 用于检查子查询是否至少会返回一行数据。
- EXISTS 子查询实际上并不返回任何数据,而是返回值 TRUE 或 FALSE。

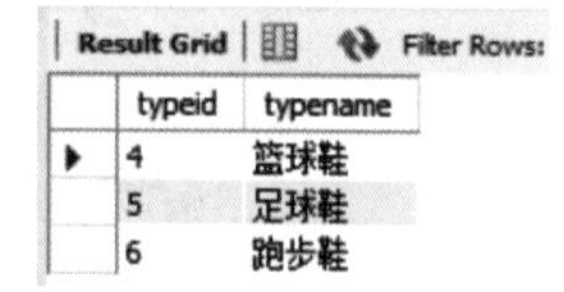

typeid	typename
4	篮球鞋
5	足球鞋
6	跑步鞋

图 4.49　查询结果

示例 4.41

查询所有产品的产品类别名称,查询结果如图 4.49 所示。

```
SELECT typeid, typename FROM  type WHERE  EXISTS
( SELECT GoodsID  FROM goods WHERE goods.typeid = type.typeid);
```

分析:主查询用于从产品类别表获取类别名称。EXISTS 指定的子查询用于从产品表获取产品编号,子查询的限定条件为“产品表.产品类别编号=产品类别表.类别编号”。只要子查询的结果集有数据行,其返回值就为 TRUE,则主查询返回相应的记录。

本示例也可以用 IN 实现,代码如下:

```
SELECT typeid , typename FROM  type WHERE
typeid IN( SELECT typeid  FROM goods WHERE goods.typeid = type.typeid);
```

EXISTS 与 IN 的使用效率的问题,通常情况下采用 EXISTS 要比 IN 效率高,但要看实际情况具体使用:IN 适合于外表大而内表小的情况;EXISTS 适合于外表小而内表大的情况。

课堂练习

①查询“BOMBA II 男子足球鞋”的销量。
②查询“BOMBA II 男子足球鞋”的销售金额。
③查询“刘晓惠”的销量流水。

(4)在 DML 中使用子查询

子查询不仅可在 SELECT 语句中使用,用于实现需要嵌套的查询功能,还可以维护数据,完成复杂的更新、删除和插入功能。在 DML 语句中使用子查询与在 SELECT 语句中使用子查询的原理是一致的,均为将内层子查询的结果作为外层主查询中 WHERE 条件的参考值来使用。

1)在 UPDATE 语句中使用子查询

示例 4.42

在换季时节,商家为促销,决定将所有“跑鞋类”产品的折扣调整为 85%。

```
UPDATE goods  SET  discount=0.85  WHERE
goods.typeid  IN(SELECT  type.typeid FROM  type  WHERE  typename='跑步鞋');
```

分析:在主查询中,使用 UPDATE 语句将跑鞋类产品的折扣调整为 85%。

课堂练习

①统计所有产品的总订购数量,并用此数量更新相应产品的“库存数量”字段。
②统计所有销售的销售总价,并用此总价更新相应销售的“销售金额”字段。

2)在 DELETE 语句中使用子查询

示例 4.43

删除销售员“刘晓惠”所有的销售明细信息。

```
DELETE  FROM  salesdetail  WHERE  SalesID  IN(
SELECT  SalesID  FROM  sales WHERE  EXISTS
    (SELECT  SalesmanID  FROM  salesman  WHERE  SalesmanName
    ='刘晓惠'  AND  SalesmanID=sales.SalesmanID))
```

分析:

- 使用 EXISTS 子查询,获取“刘晓惠”全部的销售编号。

• 将步骤 1 中的 SQL 作为子查询，在主查询中使用 DELETE 删除销售明细表中的相应销售记录，子查询获取的销售编号作为主查询条件的参考值。

课堂练习

①删除产品条码"423423"所有的销售明细。
②删除产品类别为"跑步鞋"的所有产品信息。

拓展阅读：武汉达梦数据库（DM）

武汉达梦数据库有限公司成立于 2000 年，为中国电子信息产业集团（CEC）旗下的基础软件企业，专业从事数据库管理系统的研发、销售与服务，同时可为用户提供大数据平台架构咨询、数据技术方案规划、产品部署与实施等服务。多年来，达梦公司始终坚持原始创新、独立研发，目前已掌握数据管理与数据分析领域的核心前沿技术，拥有全部源代码，具有完全自主知识产权。达梦公司是国家规划布局内重点软件企业，同时也是获得国家"双软"认证和国家自主原创产品认证的高新技术企业，拥有国内数据库研发精英团队，多次与国际数据库巨头同台竞技并夺标。

DM8 是达梦公司在总结 DM 系列产品研发与应用经验的基础上推出的新一代自研数据库。DM8 吸收借鉴当前先进新技术思想与主流数据库产品的优点，融合了分布式、弹性计算与云计算的优势，在灵活性、易用性、可靠性、高安全性等方面进行了大规模改进，多样化架构充分满足不同场景需求，支持超大规模并发事务处理和事务—分析混合型业务处理，动态分配计算资源，实现更精细化的资源利用、更低成本的投入。一个数据库满足用户多种需求，让用户能更加专注于业务发展。

达梦公司建立了稳定有效的市场营销渠道和技术服务网络，可为用户提供定制产品和本地化原厂服务，充分满足用户的个性化需求。达梦公司的产品已成功应用于金融、电力、航空、通信、电子政务等 30 多个行业领域。

思考题

①在创建表时，设计人员可以指定其中的列是否可以不包含值，如何查询表中某列的空值？

②在 LIKE 操作中如何使用通配符进行复杂过滤？

③常用的聚合函数有哪些？

④常用的多表查询有哪些？

⑤子查询的实质是什么？

⑥编写复杂的子查询的解决思路是什么？

⑦单行子查询中常用的符号是什么？

⑧什么是外连接查询？常用的外连接查询有哪些？

模块 5　创建和管理 MySQL 索引与视图

【知识目标】

- 了解什么是索引。
- 理解各类索引的差别。
- 理解索引的优缺点。
- 了解什么是视图。
- 理解视图在实际项目开发中的重要作用。
- 理解视图的创建与管理方法。

【技能要求】

- 会根据实际需求创建索引。
- 能对已创建的索引进行管理。
- 会根据实际需求创建视图。
- 能熟练更新与删除已建视图。

任务 5.1　创建索引

5.1.1　什么是 MySQL 索引

数据库中的索引类似于书中的目录，而表中的数据类似于书的内容。我们可以通过目录快速找到所需要的内容的具体位置。同样的，数据库的索引可以帮助我们快速地检索数据表中的数据。MySQL 的索引 index 是帮助 MySQL 高效获取数据的数据结构，索引的建立对于 MySQL 的高效运行非常重要，它可以大大提高 MySQL 的检索速度。比如我们在使用汉语字典时使用的目录页就相当于数据库索引，我们可以按拼音、笔画、偏旁部首等排序的"索引"快速查找到所需要的字。

MySQL 索引用于使用指定的列（Column）的值来快速地找到匹配的行。在不使用索引的情况下，MySQL 在查找数据时，必须从第一行开始，读取整个表格数据来找到相匹配的数据行。对一张巨大的表来说是一种额外的资源消耗。如果一张数据表建有索引，MySQL 可以快速确定在数据文件中间寻找的位置，而不必查看所有数据。这种查找方式比读取每一行要快很多。

（1）MySQL 索引分类

MySQL 索引根据索引的具体用途，从应用层面来划分，可以分为以下 5 类。

①普通索引：即一个索引只包含单个列，它是 MySQL 中最基本的索引类型，一张表可

以有多个单列索引，全用于加速查询。

②唯一索引：唯一索引与普通索引相似，不同之处是唯一索引的值必须是唯一的，但允许是空值（Null）。一张表在创建唯一（UNIQUE）约束时，MySQL 就会自动创建唯一索引。

③主键索引：主键索引和唯一索引的区别在于，主键索引的值不允许有空值。一张表在创建主键（PRIMARY）约束时，MySQL 就会自动创建主键索引。一张表只能有一个主键。

④空间索引：空间索引是对空间数据类型的字段建立的索引，使用 SPATIAL 关键字进行扩展。创建空间索引的列必须将其声明为 NOT NULL，即非空值。空间索引也只能在存储引擎为 MyISAM 的表中创建，空间索引主要用于地理空间数据类型 GEOMETRY。对于初学者来说，这类索引很少会用到。

⑤全文索引：全文索引主要用来查找文本中的关键字，在定义索引的列上支持值的全文查找，允许在这些索引列中插入重复值和空值，只能在 CHAR、VARCHAR 或 TEXT 类型的列上创建。在 MySQL 中只有 MyISAM 存储引擎支持全文索引。不过对于大容量的数据表，生成全文索引消耗时间和硬盘空间。创建全文索引使用 FULLTEXT 关键字。

在实际使用中，根据索引列的数量，索引也通常被创建成单列索引和组合索引。

①单列索引。单列索引就是索引只包含原表的一个列。在表中的单个字段上创建索引，单列索引只根据该字段进行索引。单列索引可以是普通索引，也可以是唯一索引，还可以是全文索引。只要保证该索引只对应一个字段即可。

②多列索引。多列索引也称复合索引或组合索引。相对于单列索引来说，组合索引是将原表的多个列共同组成一个索引。多列索引是在表的多个字段上创建一个索引。该索引指向创建时对应的多个字段，可以通过这几个字段进行查询。但是，只有查询条件中使用了这些字段中第一个字段时，索引才会被使用。

（2）MySQL 索引的使用场合

合理使用索引可以大大提高数据库的检查效率，MySQL 的使用场合一般有以下几种：

①在经常需要搜索的列上使用索引。

②在一个表的主键列上使用索引。

③在经常使用在表连接的列上，这些列主要是外键。

④在经常需要根据范围进行搜索的列上创建索引，因为索引已经排序，其指定的范围将是连续的。

⑤在经常需要排序的列上创建索引，因为索引已经排序，这样查询可以利用索引的排序，节省排序查询的时间。

⑥在经常使用在 WHERE 子句中的列上创建索引，加快条件的判断速度。

相反没有必要使用的索引会浪费空间，并影响数据库的性能。以下几种情况不适合创建索引：

①很少使用或者参考的列。

②只有很少数据值的列。

③text、image 和 bit 数据类型列。

④当修改性能远远大于检索性能时,不应该创建索引。

MySQL 可以在创建表时创建索引,也可以在已经存在的表上创建索引。

5.1.2　创建索引

MySQL 支持多种方式在单个或多个列上创建索引,可以在创建表时创建索引,也可以在已经存在的表上创建索引。创建索引一般有 3 种方式,一是使用 CREATE INDEX 创建索引,二是使用 ALTER TABLE 语句创建索引,三是在创建表时创建索引。

(1)使用 CREATE INDEX 创建索引

使用 CREATE INDEX 语句创建,语法格式如下:

```
CREATE INDEX 索引名 ON table_name (字段名[长度],...[ASC|DESC])
```

除了 BLOB 和 TEXT 类型必须指定长度外,其他类型长度可是必须指定的,且 CHAR、VARCHAR 类型时,长度可以小于字段实际长度。

示例 5.1

①将 TEACHERS 表中的姓名字段创建为普通索引。

```
CREATE INDEX tname_teachers on teachers(tname);
```

②将 MAJORS 表中的专业名称字段上的前 3 个字符建立一个升序索引 name_majors。

```
CREATE INDEX name_majors on majors(mname(3) ASC);
```

课堂练习

```
USE STUDB;
①为表 COURSES、DEPARTS、STUDENTS 的名称列分别创建普通索引。
②将 COURSES 表中的课程名称字段上的前 5 个字符建立一个升序索引。
③将 DEPARTS 表中的部门名称字段上的前 3 个字符建立一个降序索引。
```

创建索引时,需要确保该索引是应用在 SQL 查询语句的条件(一般作为 WHERE 子句的条件)。实际上,索引也是一张表,该表保存了主键与索引字段,并指向实体表的记录。

MySQL 允许在多列上创建索引,多列索引比分别创建单列索引的查询效率要高。比如,我们要查询 students 表中,mclassid 为 1 的所有学生姓名,我们可以单独在 sname 和 mclassid 列上创建两个索引,此时与执行表的完全扫描相比,效率会提高很多,但仍然要两次检索,查询效率受到影响,我们可以创建多列索引,只需要执行一次检索。

示例 5.2

为 students 表的 sname 和 mclassid 列创建多列索引。

```
CREATE INDEX students_sname_mclassid ON students(sname , mclassid);
```

运行结果如图 5.1 所示：

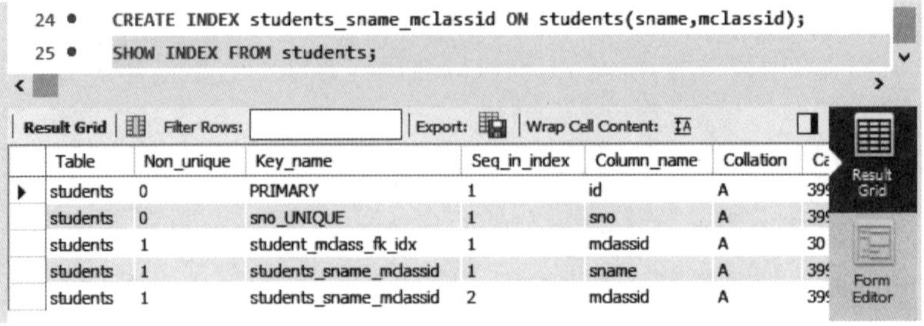

```
CREATE INDEX students_sname_mclassid ON students(sname,mclassid);
SHOW INDEX FROM students;
```

Table	Non_unique	Key_name	Seq_in_index	Column_name	Collation	Ca
students	0	PRIMARY	1	id	A	39
students	0	sno_UNIQUE	1	sno	A	39
students	1	student_mclass_fk_idx	1	mclassid	A	30
students	1	students_sname_mclassid	1	sname	A	39
students	1	students_sname_mclassid	2	mclassid	A	39

图 5.1　创建多列索引

课堂练习

USE STUDB；
①为 TEACHERS 表的 tno 和 tname 列创建多列索引。
②为 MCLASSS 表的 GRADE、MAJORID、MNAME 列创建多列索引。
③为 MAJOR_GRADE_TERM_COURSES 表的 TERM、COURSEID 列创建多列索引。

(2)使用 ALTER TABLE 语句创建索引

使用 ALTER TABLE 语句创建索引，语法格式如下：

```
ALTER TABLE 表名 ADD INDEX[索引名](字段名(长度),…[ASC|DESC])
```

示例 5.3

将 mclasss 表的 mname 字段建立一个 name_mclasss 索引

```
ALTER TABLE mclasss ADD INDEX name_mclasss(mname);
```

使用 SHOW INDEX 语句查看 mclass 表的索引，代码如下：

```
SHOW INDEX FROM mclasss;
```

SHOW INDEX 运行结果如图 5.2 所示。

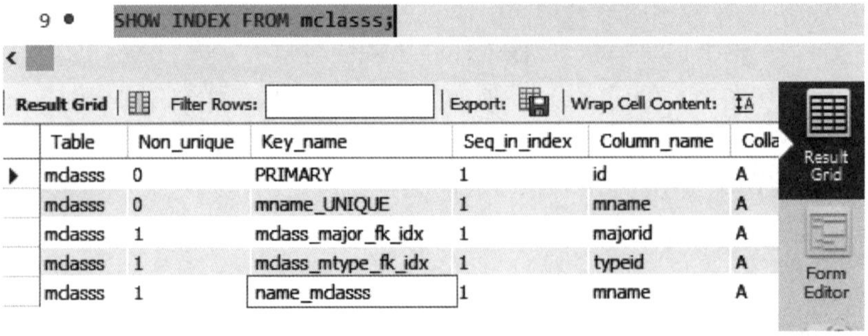

```
SHOW INDEX FROM mclasss;
```

Table	Non_unique	Key_name	Seq_in_index	Column_name	Colla
mclasss	0	PRIMARY	1	id	A
mclasss	0	mname_UNIQUE	1	mname	A
mclasss	1	mclass_major_fk_idx	1	majorid	A
mclasss	1	mclass_mtype_fk_idx	1	typeid	A
mclasss	1	name_mclasss	1	mname	A

图 5.2　SHOW INDEX 运行结果

课堂练习

①为 STUDENTS 表的姓名列添加索引
②为 STUDENTS 表的创建时间列添加索引
③为 STUDENTS 表的更新时间列添加索引

(3)在创建表时创建索引

在前面两种情况下,索引都是在表创建之后创建的,索引也可以在创建表时一起创建。在创建表的 CREATE TABLE 语句中包含索引的含义,其中,索引项基本书写格式如下:

```
PRIMARY KEY(列名,...)                              /*主键*/
| INDEX [索引名](列名,...)                         /*索引*/
| UNIQUE [INDEX] [索引名](列名,...)                /*唯一索引*/
| FULLTEXT [INDEX] [索引名](列名,...)              /*全文索引*/
```

示例 5.4

```
CREATE TABLE 'terms' ('term' varchar(20) CHARACTER SET utf8 COLLATE utf8_general_ci NOT NULL, PRIMARY KEY ('term'), UNIQUE KEY 'term_UNIQUE' ('term') /*!80000 INVISIBLE */
);
SHOW INDEX FROM terms;
```

当在创建表时创建了主键和唯一键后,会自动创建相关索引,如图 5.3 所示。

Result Grid | Filter Rows: | Export: | Wrap Cell Content:

	Table	Non_unique	Key_name	Seq_in_index	Column_name	Collation	C
▶	terms	0	PRIMARY	1	term	A	0
	terms	0	term_UNIQUE	1	term	A	0

图 5.3 自动创建索引

注:索引可以大大提高 MySQL 的检索速度,但过多地使用索引会降低更新表的速度,如对表进行 INSERT、UPDATE 和 DELETE。因为更新表时 MySQL 不仅要保存数据,还要保存索引文件,索引文件会占用磁盘空间。

任务 5.2 删除索引

MySQL 中删除索引时可以使用 ALTER TABLE 语句或者 DROP INDEX 语句,两者可实现相同的功能,DROP INDEX 语句在内部被映射到一个 ALTER TABLE 语句中。

5.2.1 使用 ALTER TABLE 语句删除索引

使用 ALTER TABLE 语句删除索引，语法格式如下：

```
ALTER TABLE 表名 DROP INDEX 索引名;
```

如果是删除主键、外键或唯一键，语句结构和使用 ALTER 修改表结构的语句一致。如删除主键：

```
ALTER TABLE DROP PRIMARY KEY 主键名;
```

这里不再重复。

示例 5.5

删除 teachers 表中的 name_teachers 索引。

```
ALTER TABLE teachers DROP INDEX name_teachers ;
```

运行结果如图 5.4 所示。

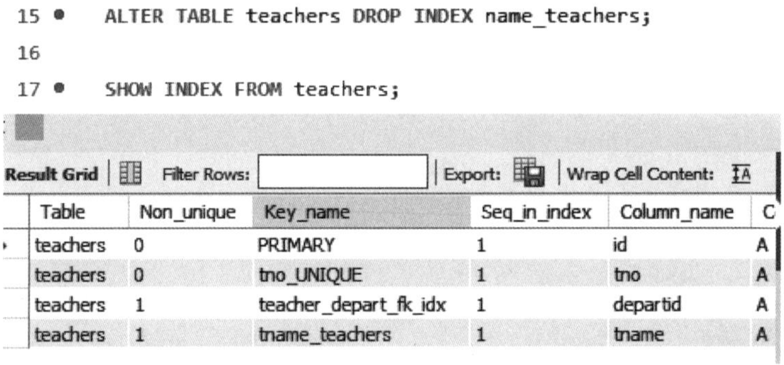

```
ALTER TABLE teachers DROP INDEX name_teachers;

SHOW INDEX FROM teachers;
```

Result Grid | Filter Rows: | Export: | Wrap Cell Content:

Table	Non_unique	Key_name	Seq_in_index	Column_name	C
teachers	0	PRIMARY	1	id	A
teachers	0	tno_UNIQUE	1	tno	A
teachers	1	teacher_depart_fk_idx	1	departid	A
teachers	1	tname_teachers	1	tname	A

图 5.4　删除 teachers 表中的 name_teachers 索引

课堂练习

使用 ALTER 删除表 courses、departs、students 的名称列上的索引。

①使用 ALTER 删除表 courses 中名称列上的索引。
②使用 ALTER 删除表 departs 中名称列上的索引。
③使用 ALTER 删除表 students 中名称列上的索引。

5.2.2 使用 DROP INDEX 语句删除索引

使用 DROP INDEX 语句删除索引，语法格式如下：

```
DROP INDEX 索引名 ON 表名;
```

索引名为要删除的索引名，表名为索引所在的表的名称。

示例 5.6

删除 teachers 表中的 tname_teachers 索引。

```
DROP INDEX tname_teachers ON teachers;
SHOW INDEX FROM teachers;
```

运行结果如图 5.5 所示。

```
DROP INDEX tname_teachers ON teachers;
SHOW INDEX FROM teachers;
```

Result Grid | Filter Rows: | Export: | Wrap Cell Content:

Table	Non_unique	Key_name	Seq_in_index	Column_name	C
teachers	0	PRIMARY	1	id	A
teachers	0	tno_UNIQUE	1	tno	A
teachers	1	teacher_depart_fk_idx	1	departid	A

图 5.5　删除 teachers 表中的 tname_teachers 索引

课堂练习

USE STUDB;

①使用 DROP 语句删除为 DEPARTS 表添加的索引。

②使用 DROP 语句删除为 MAJORS 表添加的索引。

③使用 DROP 语句删除为 STUDENTS 表添加的索引。

任务 5.3　创建视图

5.3.1　什么是视图

视图相当于一张虚拟的数据表，使人们可以为一张或多张数据表定义特殊的表现形式。视图在行为上与数据表其实没有任何区别，可以当作实体表进行各种操作，如我们可以使用 SELECT 查询命令去查询数据，还可以使用 INSERT、UPDATE 和 DELETE 命令修改数据。但用户对视图的数据进行操作时，系统会根据视图的定义去操作相关联的基本表，因为视图本质上还是一张虚拟的数据表。

视图与表在本质上虽然不相同，但视图经过定义以后，结构形式和表一样，可以进行查询、修改、更新和删除等操作。视图具有如下优点：

①定制用户数据，聚焦特定的数据。在实际的应用过程中，不同的用户可能对不同的数据有不同的要求。

②简化数据操作。在使用查询时，很多时候要使用聚合函数，同时还要显示其他字段的信息，可能还需要关联到其他表，语句可能会很长，如果这个动作频繁发生的话，可以创建视图来简化操作。

③提高数据的安全性。视图是虚拟的,物理上是不存在的。可以只授予用户视图的权限,而不具体指定使用表的权限来保护基础数据的安全。

④共享所需数据。通过使用视图,每个用户不必都定义和存储自己所需的数据,可以共享数据库中的数据,同样的数据只需要存储一次。

⑤更改数据格式。通过使用视图,可以重新格式化检索出的数据,并组织输出到其他应用程序中。

⑥重用 SQL 语句。视图提供的是对查询操作的封装,本身不包含数据,所呈现的数据是根据视图定义从基础表中检索出来的,如果基础表中的数据新增或删除,视图呈现的也是更新后的数据。视图定义后,编写完所需的查询,可以方便地重用该视图。

创建视图是指在已经存在的 MySQL 数据库表上建立视图。视图可以建立在一张表中,也可以建立在多张表中,使用 CREATE VIEW 语句来创建视图,语法格式如下:

```
CREATE VIEW 视图名  AS  SELECT 语句
```

语法说明如下:

视图名:指定视图的名称。该名称在数据库中必须是唯一的,不能与其他表或视图同名。

SELECT 语句:指定创建视图的 SELECT 语句,可用于查询多个基础表或源视图。

5.3.2 创建基于单表的视图

MySQL 创建基于单个数据表的视图,一般是通过设置字段别名,让用户在使用视图时,不了解数据表的基本结构,接触不到实际表中的数据,从而保证了数据库的安全。

示例 5.7

创建 vw_courses 视图,包括 courses 表的字段 cname,departid。代码如下:

```
CREATE VIEW vw_courses
AS SELECT cname 课程名, departid 院部 ID FROM courses;
```

执行成功后,右键 Tables 时,选择"Refresh All",在 Views 中会看到已经创建的视图。

定义视图后,可以像基本表一样进行操作。如查询 vw_courses 视图的所有数据,代码如下:

```
SELECT * FROM vw_courses;
```

课堂练习

通过给数据表字段起个别名来创建视图:

①创建 MAJORS 表的一个视图 vw_majors。

②创建 MCLASSS 表的一个视图 vw_mclasss。

③创建 STUDENTS 表的一个视图 vw_students。

5.3.3　创建基于多表的视图

视图主要是用来简化较复杂的查询语句，一般都涉及多表查询。

示例 5.8

创建一个视图 vw_teachers，要求查询教师工号、姓名及所在院部名称。创建视图代码如下：

```
CREATE VIEW VW_TEACHERS AS
SELECT TNO 工号, TNAME 姓名,(SELECT DNAME FROM DEPARTS T2 WHERE T2.ID=T1.DEPARTID) 院部 FROM TEACHERS T1;
```

查询该视图：SELECT * FROM VW_TEACHERS;，运行结果如图 5.6 所示。

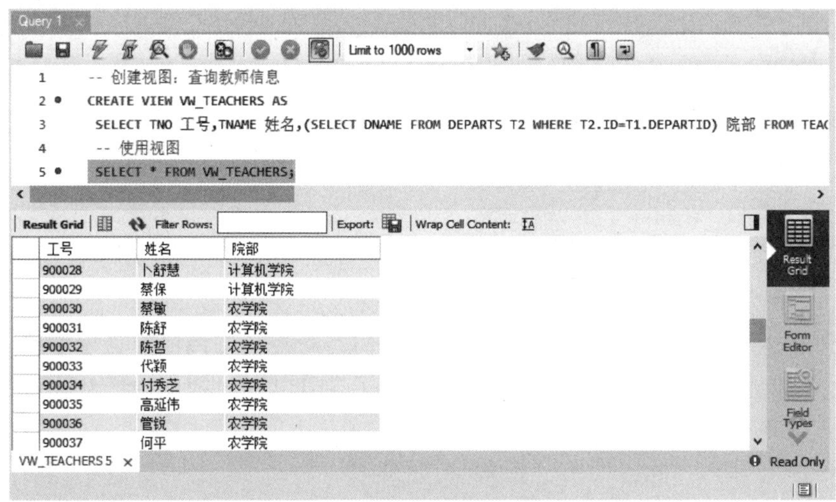

图 5.6　查询视图数据

课堂练习

①创建 STUDENTS 表的视图 vw_student_1，显示学号、姓名、班级名称。

②创建 STUDENTS 表的视图 vw_student_2，显示学号、姓名、班级名称、专业名称。

③创建 STUDENTS 表的视图 vw_student_3，显示学号、姓名、班级名称、专业名称、院部名称。

任务 5.4　管理视图

5.4.1　查看视图

创建好视图后，可以通过查看视图的语句来查看视图的字段信息以及详细信息。

(1)查看视图的字段信息

查看视图的字段信息与查看数据表的字段信息一样,都是使用 DESCRIBE 或 DESC 关键字来查看的。语法如下:

```
DESCRIBE 视图名;
```

示例 5.9

查看视图 VW_TEACHERS,查看结果如图 5.7 所示。

```
DESCRIBE VW_TEACHERS;
```

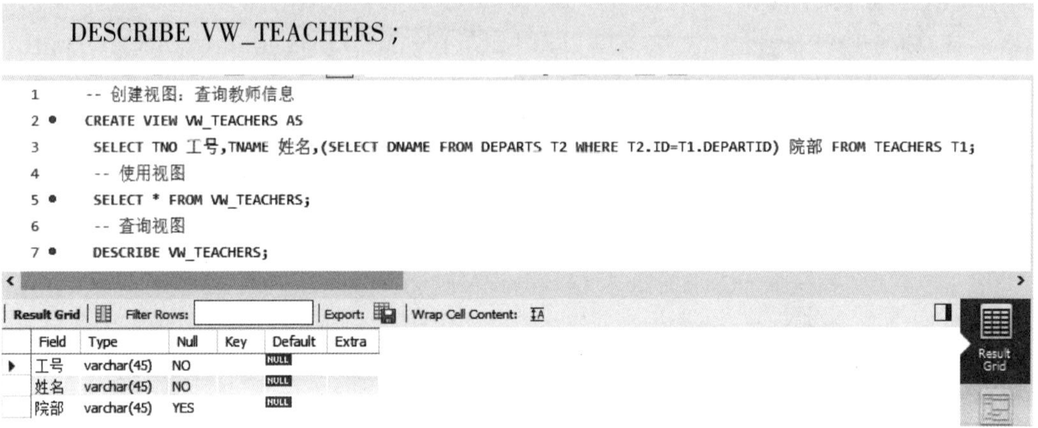

图 5.7 查看视图

由运行结果可以看出,查看视图的字段内容与查看表的字段内容显示的格式是相同的。因此,更能说明视图实际上也是一张数据表了,不同的是,视图中的数据都来自数据库中已经存在的表。

课堂练习

> 查看上一节课堂练习中所创建的视图。

(2)查询视图的详细信息

在 MySQL 中,SHOW CREATE VIEW 语句可以查看视图的详细定义。其语法如下所示:

```
SHOW CREATE VIEW 视图名;
```

通过上面的语句,还可以查看创建视图的语句。创建视图的语句可以作为修改或者重新创建视图的参考,方便用户操作。

示例 5.10

查看 VW_TEACHERS 视图的详细信息。

```
SHOW CREATE VIEW VW_TEACHERS;
```

课堂练习

①查看视图 vw_student_1 的详细信息。
②查看视图 vw_student_2 的详细信息。
③查看视图 vw_student_3 的详细信息。

注意

所有视图的定义都是存储在 information_schema 数据库下的 views 表中,也可以在这个表中查看所有视图的详细信息,SQL 语句如下:

```
SELECT * FROM information_schema.views;
```

5.4.2　修改视图

当已创建的视图的原始表发生了表结构的改变,则需要对视图进行相关修改,从而使视图和原始表保持一致。我们可以使用 ALTER VIEW 语句进行修改。语法如下:

```
ALTER VIEW 视图名 AS SELECT 语句
```

视图名:指定视图的名称。该名称在数据库中必须是唯一的,不能与其他表或视图同名。

SELECT 语句:指定创建视图的 SELECT 语句,可用于查询多个基础表或源视图。

视图是一张虚拟表,实际的数据来自基本表,所以通过插入、修改和删除操作更新视图中的数据,实质上是在更新视图所引用的基本表的数据。修改视图的定义,除了可以通过 ALTER VIEW 外,也可以使用 DROP VIEW 语句先删除视图,再使用 CREATE VIEW 语句来实现。

示例 5.11

给示例 5.9 中 VW_TEACHERS 视图添加显示字段 ID。代码如下:

```
ALTER VIEW VW_TEACHERS AS
SELECT ID, TNO 工号, TNAME 姓名,(SELECT DNAME FROM DEPARTS T2
WHERE T2.ID=T1.DEPARTID) 院部 FROM TEACHERS T1;
```

查询修改后的 VW_TEACHERS 视图,如图 5.8 所示。

课堂练习

修改视图,要求如下:

针对上一节课堂练习中所创建的视图进行如下操作:
①给视图 vw_student_1 添加显示字段。
②给视图 vw_student_2 添加查询条件。
③给视图 vw_student_3 添加显示字段和查询条件。

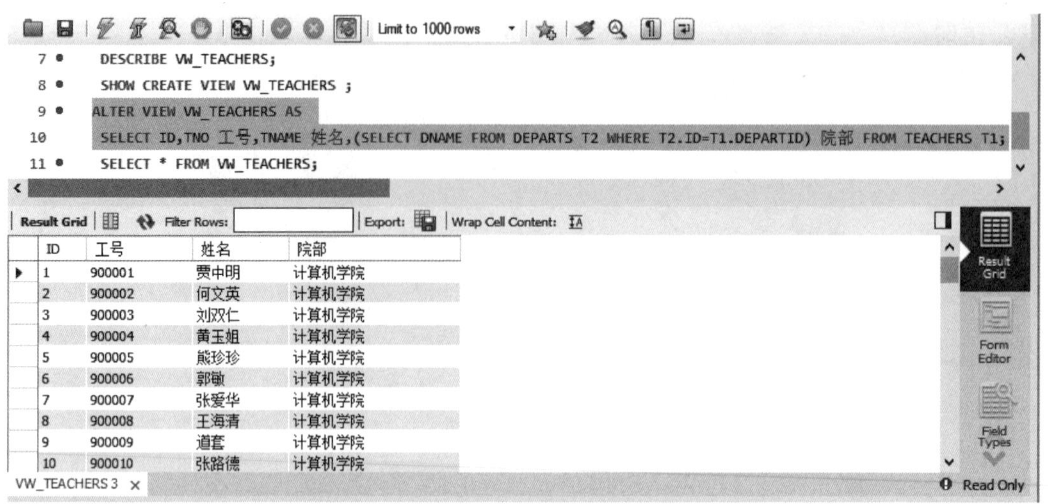

图 5.8 运行视图结果

5.4.3 删除视图

删除视图是指删除 MySQL 数据库中已存在的视图。删除视图时,只能删除视图的定义,不会删除数据。可以使用 DROP VIEW 语句来删除视图,语法格式如下:

```
DROP VIEW  视图名1 [, 视图名2 …]
```

其中,<视图名>指定要删除的视图名。DROP VIEW 语句可以一次删除多个视图,但是必须在每个视图上拥有 DROP 权限。

另外,修改视图的名称可以先将视图删除,然后按照相同的定义语句进行视图的创建,并命名为新的视图名称。

示例 5.12

将视图 VW_TEACHERS 名称修改为 VW_TEACHERS2。代码如下:

```
DROP VIEW VW_TEACHERS;
CREATE VIEW VW_TEACHERS2 AS
SELECT ID, TNO 工号, TNAME 姓名,(SELECT DNAME FROM DEPARTS T2 WHERE T2.ID=T1.DEPARTID) 院部 FROM TEACHERS T1;
DESCRIBE VW_TEACHERS2;
```

课堂练习

针对视图 vw_student_1、视图 vw_student_2 和视图 vw_student_3 做如下操作:

①删除视图 vw_student_1、vw_student_2。

②将视图 vw_student_3 改名为 vw_student。

拓展阅读:国产数据库 OceanBase 与 SequoiaDB

(1)OceanBase

OceanBase 是由蚂蚁集团自主研发的企业级分布式关系数据库,基于分布式架构和通用服务器实现了金融级可靠性及数据一致性,拥有 100%的知识产权,始创于 2010 年。OceanBase 具有数据强一致、高可用、高性能、在线扩展、高度兼容 SQL 标准和主流关系数据库、低成本等特点。

2020 年 5 月,OceanBase 以 7.07 亿 tpmC 的在线事务处理性能,打破了 OceanBase 自己在 2019 年创造的 6088 万 tpmC 的 TPC-C 世界纪录。目前,OceanBase 已服务于大量金融、运营商、政府公共服务等行业企业,在中国工商银行、南京银行、西安银行、常熟农商银行、苏州银行等众多行业机构上线,助力客户快速实现业务价值。

(2)SequoiaDB

SequoiaDB 巨杉数据库是一家专注于分布式数据库技术研发,以全球数据库领导者为愿景,以培育数据沃土,提升数据价值为使命的自研数据库独立厂商。巨杉数据库自 2011 年成立以来,专注于数据库产品研发,坚持从零开始打造原生分布式数据库引擎。2017 年巨杉数据库与阿里云同年入选 Gartner 报告,成为首家入选 Gartner 报告的国产独立数据库厂商,连续三年入榜 Gartner 全球权威报告。

巨杉数据库是一款完全从零打造的,新一代金融级分布式关系型数据库。巨杉数据库的主要应用场景包括核心交易、数据中台、内容管理、云数据库平台等场景,在银行、证券、保险、电信、政府等行业,已经实现了传统关系型数据库的规模替换。

巨杉数据库的主要产品包括 SequoiaDB 分布式关系型数据库与 SequoiaCM 企业内容管理软件。目前,巨杉数据库已在超过百家大型商业银行核心生产业务上线,广泛应用于金融、电信、政府、互联网、交通等领域,企业级用户总数超过 1 000 家。

思考题

①什么情况下设置了索引但无法使用?

②唯一索引和普通索引的区别是什么?

③索引的作用是什么?

④索引对数据库系统的负面影响是什么?

⑤为数据表建立索引的原则有哪些?

⑥数据库视图的优缺点是什么?

⑦视图的使用场景有哪些?

⑧视图能更新吗?

模块 6　创建和使用 MySQL 函数、存储过程和触发器

【知识目标】

- 掌握变量的定义和使用。
- 掌握 SQL 流程控制语句。
- 了解系统内置函数。
- 掌握自定义函数的编写。
- 了解存储过程的优势。
- 掌握存储过程的创建和调用。
- 掌握游标使用流程。
- 掌握触发器的使用流程。

【技能要求】

- 会定义和使用变量。
- 会使用 SQL 流程控制语句。
- 能调用系统内置函数。
- 能编写自定义函数。
- 会创建和调用存储过程。
- 会使用游标编写复杂存储过程。
- 会使用触发器保证数据安全。

任务 6.1　定义和使用变量

6.1.1　变量的分类

在 MySQL 文档中，MySQL 变量可分为两大类，即系统变量和用户变量。但根据实际应用又被细化为四种类型，即局部变量、用户变量、会话变量和全局变量。MySQL 局部变量只能用在 begin/end 语句块中，比如存储过程和函数中的 begin/end 语句块，其作用域仅限于该语句块。MySQL 中用户变量不用提前声明，在用的时候直接用“@ 变量名”就可以了，其作用域为当前连接。服务器为每个连接的客户端维护一系列会话变量，其作用域仅限于当前连接，即每个连接中的会话变量是独立的。全局变量影响服务器整体操作，当服务器启动时，它将所有全局变量初始化为默认值。要想更改全局变量，必须具有 super 权限。其作用域为 server 的整个生命周期。

6.1.2　变量的声明与赋值

(1)局部变量

1)局部变量声明

局部变量声明格式如下：

```
DECLARE 变量名1[,变量名2...] 变量类型 DEFAULT 默认值;
```

示例 6.1

声明一个整型变量,默认值为0。声明语句如下：

```
DECLARE a INT DEFAULT 0;
```

课堂练习

①声明一个DOUBLE型变量X。

②声明一个字符变量表示性别,默认值为“男”。

2)局部变量赋值

局部变量赋值格式如下：

```
SET 变量名1=变量值1[,变量名2=变量值2...];
```

也可以通过SELECT INTO的方式赋值,这种方式一般在需要进行数据库操作时使用。

示例 6.2

使用SELECT INTO赋值获取系院数量。

```
SELECT COUNT(id) INTO a FROM DEPARTS;
```

课堂练习

①使用SET方式为上例课堂练习声明的变量赋值。

②使用SELECT或SELECT INTO方式为上例课堂练习声明的变量赋值。

(2)用户变量

1)使用SET时可以用“=”或“:=”两种赋值符号赋值。

课堂练习

使用SET给用户变量@age赋值。

```
SET@age=19;
SET@age:=20;
```

2)使用 select 时必须用“:=”赋值符号赋值。

示例 6.3

使用 SELECT 给用户变量@ age 赋值。

```
SELECT@ age:=22;
SELECT@ id:=id FROM departs WHERE departname='信息技术学院';
```

3)使用 select into 方式赋值

(3)会话变量

1)显示会话变量

显示会话变量语法格式如下:

```
SHOW SESSION VARIABLES  [LIKE '%关键字'];
```

示例 6.4

显示所有会话变量。

```
SHOW SESSION VARIABLES;
```

运行结果如图 6.1 所示。

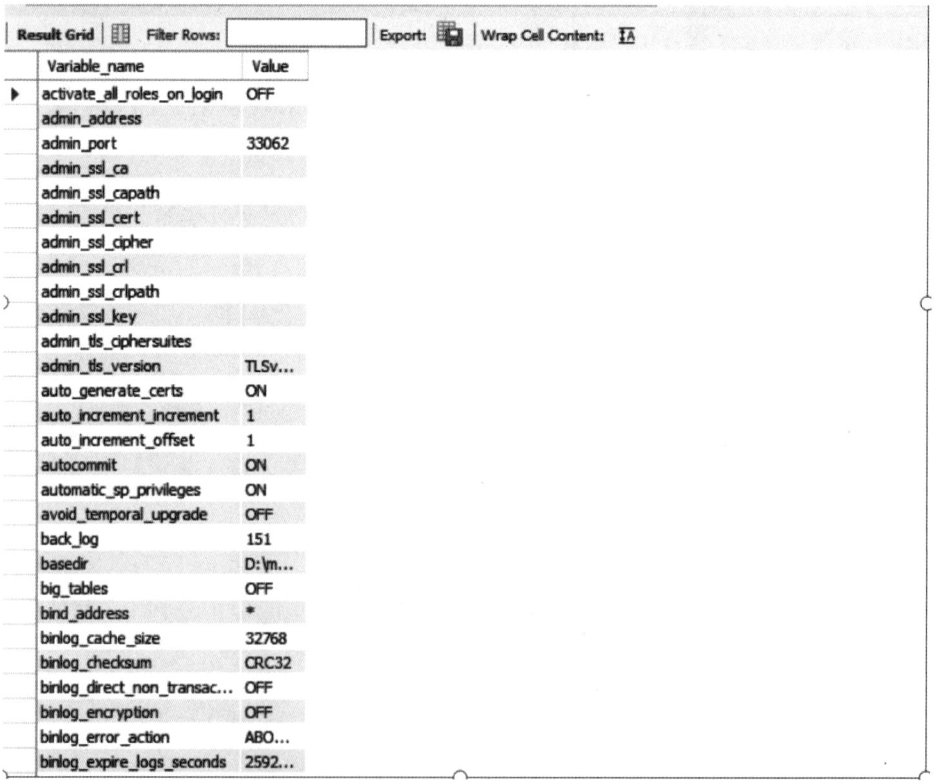

Result Grid | Filter Rows: | Export: | Wrap Cell Content:

Variable_name	Value
activate_all_roles_on_login	OFF
admin_address	
admin_port	33062
admin_ssl_ca	
admin_ssl_capath	
admin_ssl_cert	
admin_ssl_cipher	
admin_ssl_crl	
admin_ssl_crlpath	
admin_ssl_key	
admin_tls_ciphersuites	
admin_tls_version	TLSv...
auto_generate_certs	ON
auto_increment_increment	1
auto_increment_offset	1
autocommit	ON
automatic_sp_privileges	ON
avoid_temporal_upgrade	OFF
back_log	151
basedir	D:\m...
big_tables	OFF
bind_address	*
binlog_cache_size	32768
binlog_checksum	CRC32
binlog_direct_non_transac...	OFF
binlog_encryption	OFF
binlog_error_action	ABO...
binlog_expire_logs_seconds	2592...

图 6.1　显示所有会话变量

2)会话变量赋值

会话变量赋值语法如下：

```
SET SESSION 变量名称=变量值;
SET@@SESSION.变量名称=变量值;
SET 变量名称=变量值;
```

示例 6.5

使用 SET 赋值方式为会话变量 auto_increment_increment 赋值。

```
SET@@SESSION.AUTO_INCREMENT_INCREMENT=2;
SET SESSION AUTO_INCREMENT_INCREMENT=1;
SET AUTO_INCREMENT_INCREMENT=1;
```

3)会话变量查询

会话变量查询语法如下：

```
SELECT@@变量名称
SELECT@@SESSION.变量名称
SHOW SESSION VARIABLES LIKE '%变量名%'这里的 SESSION 可以省略
```

示例 6.6

查询会话变量 auto_increment_increment 的值。

```
SHOW SESSION VARIABLES LIKE '%auto_increment_increment%';
SELECT@@SESSION.auto_increment_increment;
SELECT@@auto_increment_increment;
```

(4)全局变量

1)显示所有全局变量

显示所有全局变量语法如下：

```
SHOW GLOBAL VARIABLES;
```

示例 6.7

显示所有全局变量。

```
SHOW GLOBAL VARIABLES;
```

运行结果如图 6.2 所示。

2)全局变量赋值

全局变量赋值语法格式如下：

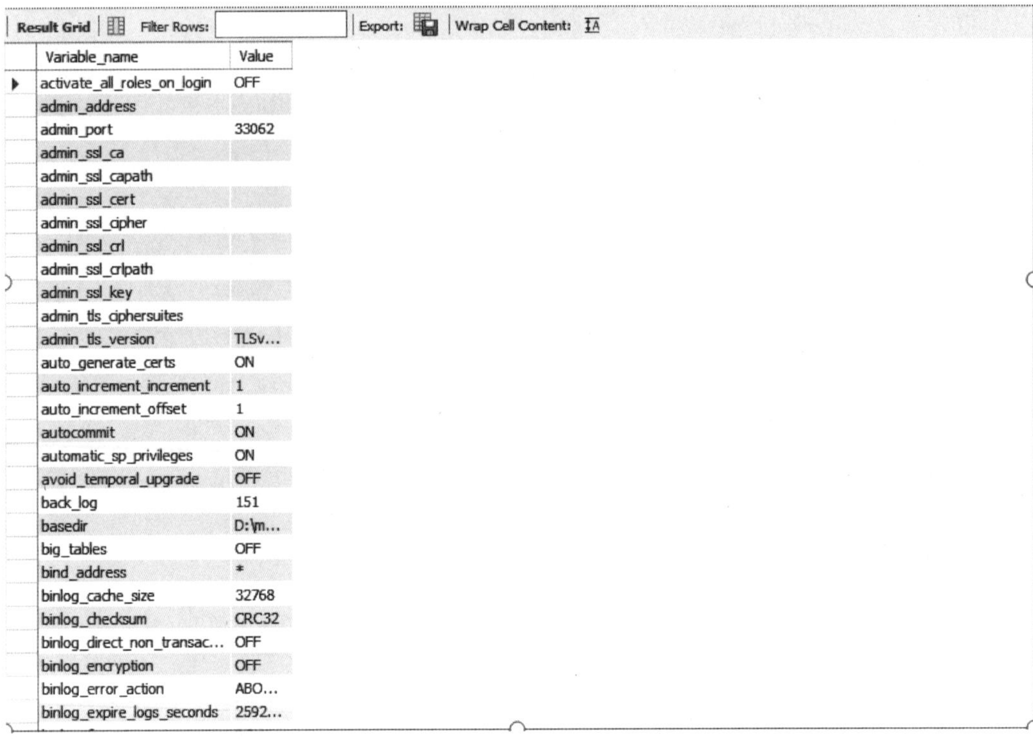

Variable_name	Value
activate_all_roles_on_login	OFF
admin_address	
admin_port	33062
admin_ssl_ca	
admin_ssl_capath	
admin_ssl_cert	
admin_ssl_cipher	
admin_ssl_crl	
admin_ssl_crlpath	
admin_ssl_key	
admin_tls_ciphersuites	
admin_tls_version	TLSv...
auto_generate_certs	ON
auto_increment_increment	1
auto_increment_offset	1
autocommit	ON
automatic_sp_privileges	ON
avoid_temporal_upgrade	OFF
back_log	151
basedir	D:\m...
big_tables	OFF
bind_address	*
binlog_cache_size	32768
binlog_checksum	CRC32
binlog_direct_non_transac...	OFF
binlog_encryption	OFF
binlog_error_action	ABO...
binlog_expire_logs_seconds	2592...

图 6.2　显示所有全局变量

```
SET GLOBAL 变量名称=变量值
SET@ @ GLOBAL.变量名称=变量值
```

示例 6.8

使用 SET 为全局变量 sql_warnings 赋值。

```
SET GLOBAL SQL_WARNINGS=ON;
SET@ @ GLOBAL.SQL_WARNINGS=OFF;
```

3)全局变量查询

全局变量查询语法格式如下：

```
SELECT@ @ GLOBAL.变量名称
SHOW GLOBAL VARIABLES LIKE '%变量名%'
```

示例 6.9

查询全局变量 sql_warnings。

```
SHOW GLOBAL VARIABLES LIKE '%SQL_WARNING%';
SET GLOBAL SQL_WARNINGS=ON;
SET@ @ GLOBAL.SQL_WARNINGS=OFF;
```

任务6.2　掌握SQL流程控制语句

6.2.1　条件分支语句

(1)IF 语句

IF 语句用来进行条件判断,并根据不同的条件执行不同的操作。该语句在执行时首先判断 IF 后的条件是否为真,如果为真,则执行 THEN 后面的语句;如果为假,则继续判断 ELSEIF 语句,直到条件为真为止;如果以上条件都不为真,则执行 ELSE 后的内容,语法格式如下:

```
IF　条件表达式 1　THEN
语句块
ELSEIF 条件表达式 2　THEN
语句块
ELSE
语句块
END IF
```

示例 6.10

使用 IF 语句查询 SNO 为"100001"的 SNAME,如果查询为空,则显示查无此人,否则显示 SNAME 内容。

```
IF (SELECT SNAME FROM STUDENTS WHERE SNO='100001') IS NULL THEN
  SELECT '查无此人' AS 学生姓名;
ELSE
  SELECT SNAME FROM STUDENTS WHERE SNO='100001'
END IF;
```

课堂练习

①使用 IF 语句查询 ID 为 4 的 MNAME,如果查询为空,则显示查无该班级,否则显示 MNAME 内容。

②使用 IF 语句来显示两个数中的值大的数。

(2)CASE 语句

CASE 语句为多分支语句结构,该语句先从 WHEN 后的 VALUE 中查找与 CASE 后的变量值相等的值,如果找到则执行该分支的内容,否则执行 ELSE 后的内容。CASE 语句的语法格式如下:

```
CASE 表达式
  WHEN VALUE THEN 语句块
  WHEN VALUETHEN 语句块
ELSE 语句块
END CASE
```

另一种语法格式如下：

```
CASE
  WHEN VALUE THEN 语句块
  WHEN VALUE THEN 语句块
ELSE
语句块
END CASE
```

这种语法可以判断非相等关系，比如大于小于之类的。

示例 6.11

统计班级表中 2020 级的班级数，并利用 CASE 语句显示其数量水平。

```
DECLARE num INT DEFAULT 0;
SELECT COUNT(MNAME) INTO num FROM MTCLASS WHERE GRADE=2020;
CASE
  WHEN num > 10 THEN
    SELECT '数量较多' AS 数量水平;
WHEN num < 5 THEN
    SELECT '数量较少' AS 数量水平;
ELSE
    SELECT '数量中等' AS 数量水平;
END CASE;
```

课堂练习

使用 CASE 语句根据班级表的 typeid 来显示专业类型。

6.2.2　循环语句

(1) WHILE 语句

WHILE 语句在执行时先判断条件是否为真，如果该条件为真，则执行循环体，否则退出循环。该语句的语法格式如下：

```
WHILE 条件 DO
循环体
END WHILE;
```

示例 6.12

循环输出 1~10 的偶数。

```
DECLARE I INT DEFAULT 1;
WHILE i<=10 DO
  IF i%2==0 THEN
    SELECT i;
  END IF;
  SET i=i+1;
END WHILE;
```

课堂练习

①使用 WHILE 循环输出 1~10 的奇数。
②使用 WHILE 循环输出 1~10 的和。

(2)REPEAT 语句

REPEAT 语句先执行一次循环体,之后判断条件是否为真,如果为真,退出循环,否则继续执行循环体。语法格式如下:

```
REPEAT
循环体
UNTIL 条件
END REPEAT;
```

示例 6.13

使用 REPEAT 循环求 1~10 的和。

```
DECLARE I INT DEFAULT 1;
DECLARE S INT DEFAULT 0;
REPEAT
  SET S=S+I;
  SET I=I+1;
  UNTIL I>10
END REPEAT;
SELECT S;
```

课堂练习

①使用 REPEAT 循环输出 1~10 的奇数。
②使用 REPEAT 循环输出 1~10 的奇数的和。

(3)LOOP 语句

LOOP 语句没有内置的循环条件,但可以通过 LEAVE 标签名跳出循环,或者使用 ITERATE标签名跳过本轮循环。语法格式如下:

```
标号:loop
循环体
End loop;
```

示例 6.14

使用 LOOP 循环求出 1~6 的和。

```
DECLARE i INT DEFAULT 1;
DECLARE s INT DEFAULT 0;
lp:LOOP
  SET s=s+i;
  IF i>5 THEN
    LEAVE lp;
  END IF;
  SET i=i+1;
  END LOOP;
SELECT s;
```

课堂练习

使用 LOOP 循环输出 1~10 的偶数的和。

任务 6.3　创建和使用自定义函数

6.3.1　创建函数

创建函数的语法如下:

```
CREATE FUNCTION 函数名([参数列表]) RETURNS 数据类型
BEGIN
  SQL 语句;
    RETURN 值;
END;
```

参数说明：

- 参数列表：变量名称数据类型，多个参数用逗号分隔。
- 需要注意的是它的返回值只能有一个，不能是多个值和结果集。

注意：创建函数和存储时，如果开启了 BIN-LOG，就必须指定我们的函数是否是 DETERMINISTIC(不确定的)、NO SQL（没有 SQL 语句，当然也不会修改数据）、READS SQL DATA（只是读取数据，当然也不会修改数据）、MODIFIES SQL DATA(要修改数据)、CONTAINS SQL(包含了 SQL 语句)。其中在函数中只有 DETERMINISTIC, NO SQL 和 READS SQL DATA 被支持。如果不指定上述三种中的一种，还有一种解决方法是设置全局变量 LOG_BIN_TRUST_FUNCTION_CREATORS 值为 1，信任子程序的创建者。

示例 6.15

无参数函数创建。

```
CREATE FUNCTION MYFUN( ) RETURNS INT DETERMINISTIC RETURN 888;
```

这里由于函数体只有一条 SQL 语句，不需要使用 BEGIN 和 END。

示例 6.16

创建有参数函数获取某院系编号的专业数量。

```
CREATE FUNCTION GETMA10ORSBYDEPID(DEPID INT) RETURNS INT
DETERMINISTIC
BEGIN
DECLARE C INT DEFAULT 0;
SELECT COUNT(ID) FROM MAJORS WHERE DEPARTID=DEPID INTO C;
RETURN C;
END;
```

课堂练习

①创建函数根据专业名称获取该专业班级数量。
②创建函数根据学年和专业名称获取该专业班级数量。
③创建函数根据院部名称获取该专业班级数量。

6.3.2 调用函数

我们定义函数的目的是调用它，直接使用函数名( )就可以调用，由于返回的是一个结果，如果 sql 中不使用 select，则任何结果都无法显示出来。

示例 6.17

调用无参数函数 myfun，执行结果如图 6.3 所示。

```
3    SELECT studb.myfun()
```

studb.myfun()
888

图 6.3　调用无参数函数

注意这里讲的是单独调用函数必须使用 SELECT，但是在其他使用环境中，如 SQL 语句，其他函数或存储过程内部调用函数是不需要 SELECT 的，例如重新创建一个函数 MYFUN2在其内部调用 MYFUN，代码如下：

```
create function myfun2( ) returns int
DETERMINISTIC
begin
declare c int;
set c=myfun( );
return c;
end;
```

课堂练习

调用 6.3.1 课堂练习中创建的三个函数。

6.3.3　查看函数

查看函数创建语句：

```
SHOW CREATE FUNCTION 函数名
```

示例 6.18

查看函数 myfun，查看结果如图 6.4 所示。

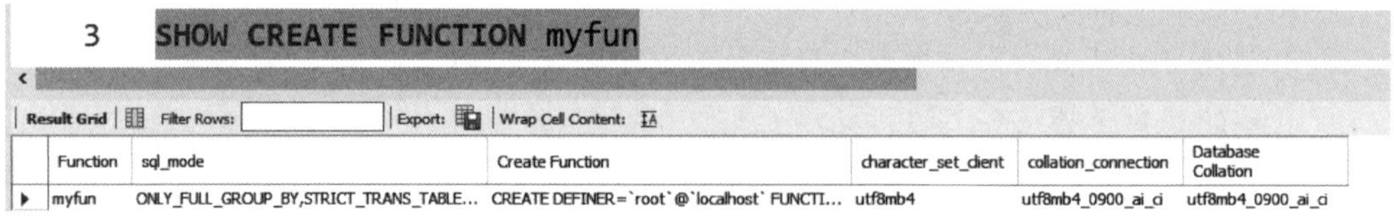

```
3    SHOW CREATE FUNCTION myfun
```

Function	sql_mode	Create Function	character_set_client	collation_connection	Database Collation
myfun	ONLY_FULL_GROUP_BY,STRICT_TRANS_TABLE...	CREATE DEFINER=`root`@`localhost` FUNCTI...	utf8mb4	utf8mb4_0900_ai_ci	utf8mb4_0900_ai_ci

图 6.4　查看函数创建语句

查看所有函数：

```
SHOW FUNCTION STATUS [WHERE 条件]
```

示例 6.19

查看所有函数，执行结果如图 6.5 所示。

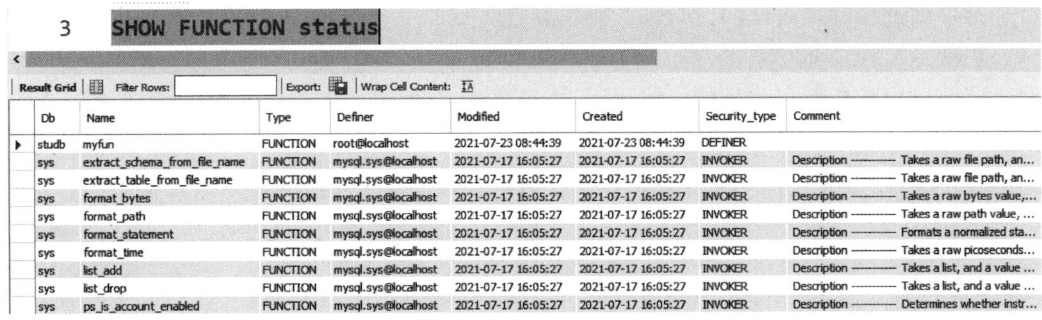

```
SHOW FUNCTION status
```

Result Grid | Filter Rows: | Export: | Wrap Cell Content:

Db	Name	Type	Definer	Modified	Created	Security_type	Comment
studb	myfun	FUNCTION	root@localhost	2021-07-23 08:44:39	2021-07-23 08:44:39	DEFINER	
sys	extract_schema_from_file_name	FUNCTION	mysql.sys@localhost	2021-07-17 16:05:27	2021-07-17 16:05:27	INVOKER	Description ---------- Takes a raw file path, an...
sys	extract_table_from_file_name	FUNCTION	mysql.sys@localhost	2021-07-17 16:05:27	2021-07-17 16:05:27	INVOKER	Description ---------- Takes a raw file path, an...
sys	format_bytes	FUNCTION	mysql.sys@localhost	2021-07-17 16:05:27	2021-07-17 16:05:27	INVOKER	Description ---------- Takes a raw bytes value,...
sys	format_path	FUNCTION	mysql.sys@localhost	2021-07-17 16:05:27	2021-07-17 16:05:27	INVOKER	Description ---------- Takes a raw path value, ...
sys	format_statement	FUNCTION	mysql.sys@localhost	2021-07-17 16:05:27	2021-07-17 16:05:27	INVOKER	Description ---------- Formats a normalized sta...
sys	format_time	FUNCTION	mysql.sys@localhost	2021-07-17 16:05:27	2021-07-17 16:05:27	INVOKER	Description ---------- Takes a raw picoseconds...
sys	list_add	FUNCTION	mysql.sys@localhost	2021-07-17 16:05:27	2021-07-17 16:05:27	INVOKER	Description ---------- Takes a list, and a value ...
sys	list_drop	FUNCTION	mysql.sys@localhost	2021-07-17 16:05:27	2021-07-17 16:05:27	INVOKER	Description ---------- Takes a list, and a value ...
sys	ps_is_account_enabled	FUNCTION	mysql.sys@localhost	2021-07-17 16:05:27	2021-07-17 16:05:27	INVOKER	Description ---------- Determines whether instr...

图 6.5 查看所有函数

6.3.4 删除函数

```
DROP FUNCTION 函数名
```

示例 6.20

删除函数 myfun 并查看所有函数，执行结果如图 6.6 所示。

```
DROP FUNCTION myfun;
SHOW FUNCTION status
```

Result Grid | Filter Rows: | Export: | Wrap Cell Content:

Db	Name	Type	Definer	Modified	Created	Security_type	Comment
sys	extract_schema_from_file_name	FUNCTION	mysql.sys@localhost	2021-07-17 16:05:27	2021-07-17 16:05:27	INVOKER	Description ---------- Takes a raw file path, an...
sys	extract_table_from_file_name	FUNCTION	mysql.sys@localhost	2021-07-17 16:05:27	2021-07-17 16:05:27	INVOKER	Description ---------- Takes a raw file path, an...
sys	format_bytes	FUNCTION	mysql.sys@localhost	2021-07-17 16:05:27	2021-07-17 16:05:27	INVOKER	Description ---------- Takes a raw bytes value,...
sys	format_path	FUNCTION	mysql.sys@localhost	2021-07-17 16:05:27	2021-07-17 16:05:27	INVOKER	Description ---------- Takes a raw path value, ...
sys	format_statement	FUNCTION	mysql.sys@localhost	2021-07-17 16:05:27	2021-07-17 16:05:27	INVOKER	Description ---------- Formats a normalized sta...
sys	format_time	FUNCTION	mysql.sys@localhost	2021-07-17 16:05:27	2021-07-17 16:05:27	INVOKER	Description ---------- Takes a raw picoseconds...
sys	list_add	FUNCTION	mysql.sys@localhost	2021-07-17 16:05:27	2021-07-17 16:05:27	INVOKER	Description ---------- Takes a list, and a value ...
sys	list_drop	FUNCTION	mysql.sys@localhost	2021-07-17 16:05:27	2021-07-17 16:05:27	INVOKER	Description ---------- Takes a list, and a value ...
sys	ps_is_account_enabled	FUNCTION	mysql.sys@localhost	2021-07-17 16:05:27	2021-07-17 16:05:27	INVOKER	Description ---------- Determines whether instr...
sys	ps_is_consumer_enabled	FUNCTION	mysql.sys@localhost	2021-07-17 16:05:27	2021-07-17 16:05:27	INVOKER	Description ---------- Determines whether a co...

图 6.6 删除函数

任务 6.4 创建存储过程

6.4.1 存储过程创建

存储过程是一种在数据库中存储复杂程序，以便由外部程序调用的数据库对象。可以说，存储过程是为了完成特定功能的 sql 语句集，经编译创建并保存在数据库中，可以通过指定存储过程的名字并给定参数来调用执行。

存储过程的思想很简单，就是数据库 sql 语句在语言层面的代码封装与重用，有以下优势：

①存储过程可以封装，并隐藏复杂的商业逻辑。

②可编程性强，灵活。

③存储过程是预编译的,执行的速度相对快一些。

④减少网络之间的数据传输,节省开销。

存储过程就是具有名字的一段代码,用来完成一个特定的功能,完整的创建语法选项很多,下面是其常用选项的语法:

```
CREATE PROCEDURE 存储过程名称(IN|OUT|INOUT 参数名称 参数类型...)
BEGIN
过程体;
END
```

说明:过程体包含在存储过程调用时必须执行的语句,例如,DML、DDL 语句,流程控制语句,以及声明变量的 declare 语句等。过程体格式以 BEGIN 开始,以 END 结束(可嵌套),如下所示:

```
BEGIN
    BEGIN
        BEGIN
            statements;
        END
    END
END
```

说明:需要注意的是每个嵌套块及其中的每条语句必须以分号结束,表示过程体结束的 begin-end 块(又叫作复合语句 compound statement)则不需要分号。

过程体中的每个语句块也可以贴标签,如下所示:

```
label1: BEGIN
    label2: BEGIN
        label3: BEGIN
            statements;
        END label3;
    END label2;
END label1
```

说明:

标签有以下两个作用:

①增强代码的可读性。

②在某些语句(例如:leave 和 iterate 语句)中需要用到标签。

示例 6.21

创建一个存储过程示例显示所有部门信息。

```
CREATE  PROCEDURE proc_alldeps()
BEGIN
SELECT * FROM departs;
END
```

课堂练习

①创建存储过程显示所有学生。
②创建存储过程显示所有班级。
③创建存储过程显示所有专业。

6.4.2 存储过程调用

存储过程的调用语法格式如下：

```
CALL 存储过程名(参数列表);
```

示例 6.22

调用示例 6.21 创建的存储过程 proc_alldeps，执行结果如图 6.7 所示。

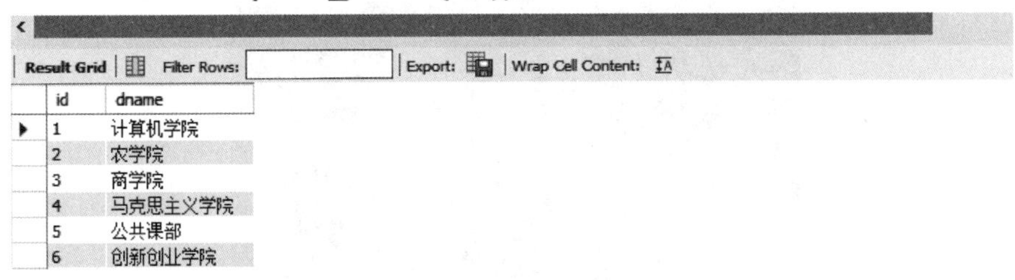

图 6.7 调用存储过程

课堂练习

调用上一节课堂练习中创建的 3 个存储过程。

说明：这里只演示了无参数的存储过程的创建和调用，存储过程一般是要带参数的，带参数的例子后面再演示。

6.4.3 存储过程参数

MySQL 存储过程的参数用在存储过程的定义中，共有 3 种参数约束：IN、OUT、INOUT。语法格式如下：

```
CREATE PROCEDURE 存储过程名称(IN|OUT|INOUT 参数名称参数类型...)
```

说明：

- IN 输入参数：表示调用者向过程传入值（传入值可以是自变量或变量，为默认值）。
- OUT 输出参数：表示过程向调用者传出值（可以返回多个值）（传出值只能是变量）。
- INOUT 输入输出参数：既表示调用者向过程传入值，又表示过程向调用者传出值（值只能是变量）。

示例 6.23

输入参数示例：

```
CREATE PROCEDURE PROC_IN(IN A INT)
BEGIN
 SELECT A;
 SET A=10;
 SELECT A;
END;
```

调用后的运行结果如图 6.8 所示。

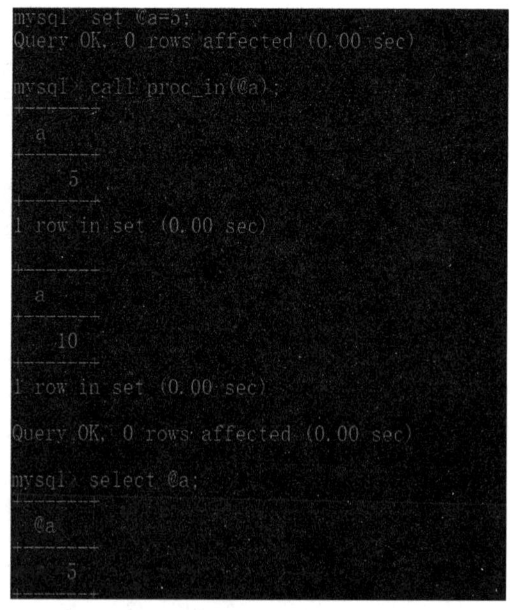

图 6.8　存储过程输入参数

说明：以上可以看出，a 在存储过程中被修改，但并不影响@ a 的值，因为前者为局部变量，后者为用户变量。

课堂练习

①创建存储过程传入班级 id 获取该班级所有学生。
②创建存储过程传入班级名称获取该班级所有学生。

示例 6.24

输出参数示例:

```
CREATE PROCEDURE PROC_OUT( OUT A INT)
BEGIN
  SELECT A ;
  SET A = 10 ;
  SELECT A ;
END ;
```

调用后的运行结果如图 6.9 所示。

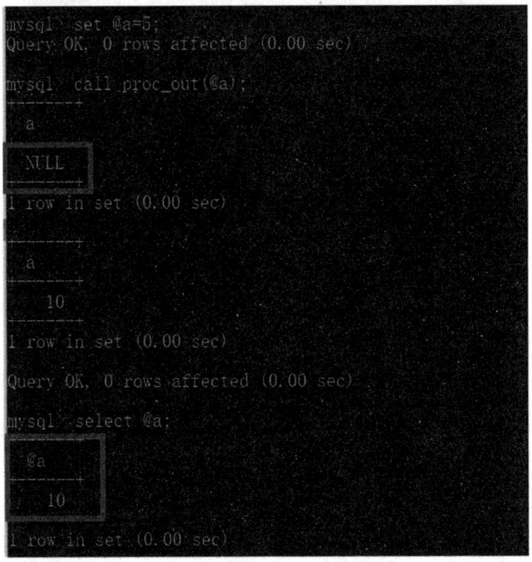

```
mysql> set @a=5;
Query OK, 0 rows affected (0.00 sec)

mysql> call proc_out(@a);
+------+
| a    |
+------+
| NULL |
+------+
1 row in set (0.00 sec)

+------+
| a    |
+------+
|   10 |
+------+
1 row in set (0.00 sec)

Query OK, 0 rows affected (0.00 sec)

mysql> select @a;
+------+
| @a   |
+------+
|   10 |
+------+
1 row in set (0.00 sec)
```

图 6.9 存储过程输出参数

说明:这里 OUT 参数 a 的值刚开始是 NULL,表明了它的特点是输出参数,实参@ a 的值没有传进来,当它的值修改后作为输出参数又赋值给@ a 了。

课堂练习

①创建存储过程传入班级 id 获取该班级所有学生数量,数量作为输出参数。
②创建存储过程传入班级名称获取该班级所有学生数量,数量作为输出参数。

示例 6.25

输入输出参数示例:

```
CREATE PROCEDURE PROC_INOUT(INOUT A INT)
BEGIN
  SELECT A;
  SET A=10;
  SELECT A;
END;
```

调用后的运行结果如图 6.10 所示。

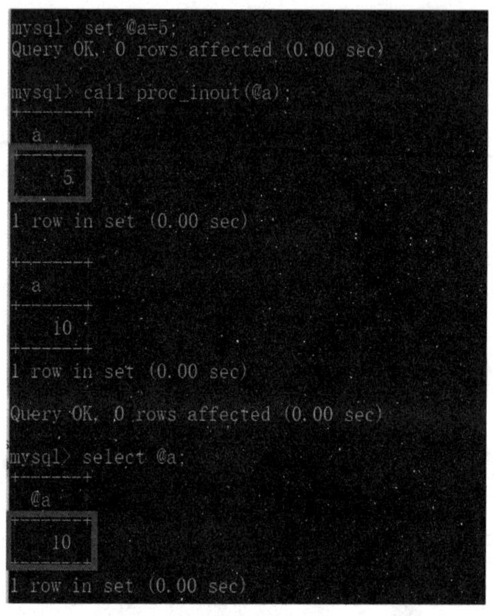

```
mysql> set @a=5;
Query OK, 0 rows affected (0.00 sec)

mysql> call proc_inout(@a);
+------+
| a    |
+------+
|    5 |
+------+
1 row in set (0.00 sec)

+------+
| a    |
+------+
|   10 |
+------+
1 row in set (0.00 sec)

Query OK, 0 rows affected (0.00 sec)

mysql> select @a;
+------+
| @a   |
+------+
|   10 |
+------+
1 row in set (0.00 sec)
```

图 6.10　存储过程输入输出参数

说明:INOUT 参数既接受了输入的参数,又作为输出参数,改变了变量@ a 的值。

课堂练习

①创建存储过程传入专业 id 和专业类型 id 获取班级数量,数量作为输入输出参数。

②创建存储过程传入部门 id 获取班级数量,数量作为输入输出参数。

注意:如果存储过程没有参数,调用时可以省略括号,但是建议没有参数时也加上括号。如果有参数则应确保参数的名字不等于列的名字,否则在过程体中,参数名被当作列名来处理。

6.4.4　事务

(1)事务及其特性

事务(transaction)是作为一个单元的一组有序的数据库操作。简而言之,就是几条数据库操作语句作为一个单元整体，要么一次性执行完毕，要么若其中一条语句执行失败，则已执行的全部撤回（回滚），确保数据的一致性。

数据库事务一般具有四大特性，即原子性（Atomicity）、一致性（Consistency）、隔离性（Isolation）和持久性（Durability），这 4 个特性通常简称为 ACID。

- 原子性：事务中的各独立操作语句是一个不可分割的整体，要么全部执行，要么全部不执行。
- 一致性：事务执行完毕，数据库数据的状态必须与事务被执行前保持一致，以确保所有数据的完整性。
- 隔离性：当某事务被执行并被正确提交之前，不允许把该事务对数据的任务修改提供给其它事务，即由并发事务所做的修改必须与任何其他并发事务所做的修改隔离。
- 持久性：一个事务成功完成之后，它对数据库所做的改变是永久性的，即使系统出现故障也是如此。也就是说，一旦事务被提交，事务对数据所做的任何变动都会被永久地保留在数据库中。

（2）MySQL 事务处理

MySQL 事务主要用于处理操作量大，复杂度高的数据。比如在客户购买商品后，还需要更新个人积分，这两项操作具有关联性，必须保持一致，这两项操作就可以构成一个事务。事务处理常用于函数或存储过程中，包括开启事务、事务处理、提交事务和事务回滚等步骤。

开启事务：START TRANSACTION；

事务处理：执行具有关联性的 SQL 语句集；

提交事务：COMMIT；

事务回滚：ROLLBACK（一旦事务提交失败，将数据回滚到开启事务之前的状态），一般写在 IF 语句中或异常处理中。

事务的周期是从 START TRANSACTION 指令开始，直到 COMMIT 指令结束。

示例 6.26

假设存在两个数据表 A（ID, STR）、B（ID, STR），ID 为自增主键，表 A 的 STR 字段 VARCHAR(20)，表 B 的 STR 字段为 VARCHAR(5)，主要区别在于插入数据的长度不同。现要求将一字符串同时插入到 A、B 两个表中，组建一个事务。

```
DELIMITER $$
CREATE PROCEDURE MTEST(ISTR VARCHAR(20))
BEGIN
  #定义一个错误变量，默认值为 0
  DECLARE my_error INT DEFAULT 0;
  #捕获到 sql 的错误，就设置 my_error 为 1
  DECLARE CONTINUE HANDLER FOR SQLWARNING,SQLEXCEPTION SET my_error=1;
```

```
    START TRANSACTION; -- 开启事务
    insert into A(str) values(istr);
    Insert into B(str) values(istr);
    IF my_error=1 THEN
      ROLLBACK; -- 回滚
    ELSE
      COMMIT; -- 提交事务
    END IF;
END $$
DELIMITER ;
-- 调用
call MTEST('测试事务');              -- 正常写入
call MTEST('测试事务回滚处理');        -- 插入表 B 时因字符串太长,写入失败,表 A 实
现回滚
```

课堂练习

创建存储过程,使用事务:

①若表 DEPART_INFO(ID, DEPARTID, DESCRIBE)不存在创建它,其中 DEPARTID 是 DEPARTS 表的外键,DESCRIBE 字段类型为 TEXT,用于描述部门特征。

②输入部门名称和部门描述信息。

③向 DEPARTS 表添加一个部门,同时向 DEPART_INFO 添加该部门描述信息。

(3)事务行为

MySQL 有两种事务提交方式:自动提交和手动提交。MySQL 在自动提交模式下,每条 SQL 语句都是一个独立的事务,因此,在 MySQL 命令行窗口下要执行多条语句组成的事务,需要改为手动提交模式。

查看 MySQL 事务提交方式的命令是:

```
SELECT @@autocommit;
```

将@@autocommit 变量的值改为 0,表示手动方式,改为 1,表示自动方式。

注:

不是所有数据表类型都支持事务,如 MyISAM 类型数据表就不能支持事务,只能通过伪事务对其实现事务处理,如果用户想让数据表支持事务处理能力,必须将数据表的类型设置为 InnoDB 或 BDB,默认情况下数据表类型是 InnoDB。

(4)事务隔离级别

在多个事务同时对一个数据进行读取、更新等操作时,如何解决事务在并发执行的时候不会相互影响,确保数据的正确性和一致性,MySQL 提供 4 种隔离级别。如果事务没有

隔离性,就容易出现脏读、不可重复读和幻读等情况。

脏读:是指读到了其他事务未提交的数据。未提交就意味着更新的数据有可能被回滚,当回滚后,那么先前读到的就是一条不存在的数据,这就是脏读。

不可重复读:在同一事务内,前后读到的同一批数据是不一样的,因为在前后读取之间,数据被别的事务修改并提交了,这样在一个事务内两次读到的数据不一样就称为不可重复读。

幻读:是指在同一事务内,前后读到的同一批数据是不一样的,因为在前后读取之间,别的事务添加了一条新记录。

为了解决以上问题,MySQL 提供 4 种隔离级别:

- 读未提交(READ UNCOMMITTED):如果一个事务读取到了另一个未提交事务修改过的数据,那么这种隔离级别就称为读未提交。也就是说,事务 A 读取到了事务 B 修改后的数据,但最后数据又被事务 B 回滚了。在该隔离级别下,所有事务都可以看到其他未提交事务的执行结果。
- 读已提交(READ COMMITTED):如果一个事务只能读取到另一个已提交事务修改过的数据,并且其他事务每对该数据进行一次修改并提交后,该事务都能查询到最新值,那么这种隔离级别就称为读提交。
- 可重复度(REPEATABLE READ):可重复读是专门针对不可重复读这种情况而制定的隔离级别,可以有效避免不可重复读。在该隔离级别下,如果有事务正在读取数据,就不允许有其他事务进行修改操作,这样就解决了可重复读问题。
- 可串行化(SERIALIZABLE):它是最高的事务隔离级别,主要通过强制事务排序来解决幻读问题。就是在每个读取的数据行上加上共享锁实现,这样就避免了脏读、不可重复读和幻读等问题。但是该事务隔离级别执行效率低,且性能开销大,所以一般情况下不推荐使用。

查看当前事务隔离级别的命令是:

```
show variables like 'transaction_isolation';
```

MySQL 默认的隔离级别是 REPEATABLE READ,在实际应用中,根据数据规模和并发要求,修改变量 TRANSACTION_ISOLATION 的值。

任务 6.5　创建和使用游标

有时在存储过程或函数中进行复杂的逻辑处理,需要对查询到的结果集一行一行地进行处理,就需要使用游标。

6.5.1　游标简介

游标实际上是一种能从包括多条数据记录的结果集中每次提取一条记录的机制,游标充当指针的作用,尽管游标能遍历结果中的所有行,但它一次只指向一行。游标的作用就是对查询数据库所返回的记录进行遍历,以便进行相应的操作。

(1)游标的优缺点

游标的优点:因为游标是针对行操作的,所以对从数据库中 select 查询到的每一行可以进行分开且独立的相同或不同的操作,可以满足对某个结果行进行特殊的操作。

游标的缺点:由于游标只能一行一行操作,在数据量大的情况下速度过慢,是不适用的。数据库大部分是面对集合的,业务会比较复杂,而游标使用会有死锁,影响其他业务操作。因此,当数据量大时,不建议使用游标来遍历。

(2)游标的使用场景

游标主要是在循环处理、存储过程、函数中使用,用来查询结果集,比如我们需要从表中循环判断并得到想要的结果集,这时候使用游标操作很方便,速度也很快。

使用游标的一个主要原因就是把集合操作转换成单个记录处理方式。

6.5.2 游标处理流程

- 声明游标

```
DECLARE 游标名称 CURSOR FOR TABLE;(这里的 TABLE 可以是你查询出来的任意集合)
```

- 打开游标

```
OPEN 游标名称;
```

- 获得下一行数据

```
FETCH  游标名称 INTO  var_name [, var_name ]......
```

说明:声明游标时 SELECT 后面有几列,这里的 var_name 就对应有几个,并且对应的列的类型要兼容。

- 需要执行的语句

这里视具体情况按照业务逻辑进行增删改查。

- 关闭游标

```
CLOSE 游标名称;
```

示例 6.26

创建存储过程示例使用游标来获取系院名称字符串使用逗号连接在一起。

```
CREATE PROCEDURE PROC_GETDEPNAMESTR( )
BEGIN
  DECLARE RNAME VARCHAR(500) DEFAULT '';  -- 保存结果
```

```
    DECLARE DEPNAME VARCHAR(50) DEFAULT ''; -- 保存部门名称
    DECLARE DONE INT DEFAULT 0; -- 退出死循环的标志
    DECLARE CUR_TEST CURSOR FOR SELECT DNAME FROM DEPARTS WHERE
ID<3;
    DECLARE CONTINUE HANDLER FOR NOT FOUND SET DONE=1;-- 游标无数
据时退出循环
    OPEN CUR_TEST;
  PLOOP:LOOP
      FETCH CUR_TEST INTO DEPNAME;
        IF DONE=1 THEN
          LEAVE PLOOP; -- 游标无数据时退出循环
    END IF;
  SET RNAME=CONCAT(RNAME,DEPNAME,',');
    END LOOP PLOOP;
    CLOSE CUR_TEST;
    SET RNAME=SUBSTRING(RNAME,1,CHAR_LENGTH(RNAME)-1);
    SELECT RNAME;
  END
```

注意:由于游标执行过程中不知道有多少条数据,因此只能使用死循环,所以这里就需要一个循环退出的标志变量,示例6.26中的done变量就起退出循环的作用。

执行后的结果如图6.11所示。

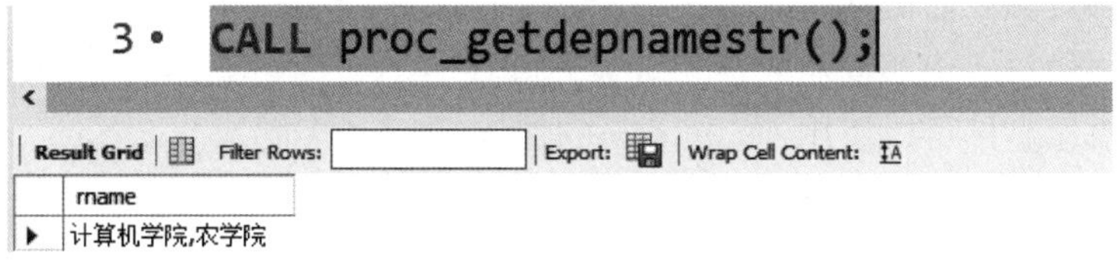

图6.11 使用游标存储过程

课堂练习

①创建存储过程使用游标传入部门id获取专业名称字符串。

②创建存储过程使用游标传入专业id和专业类型id获取班级名称字符串。

任务6.6 创建和管理触发器

6.6.1 触发器概述

触发器也叫触发程序，是 MySQL 提供给程序员来保证数据完整性的一种方法，是与表的事件 insert、update、delete 相关的一种特殊的存储过程。触发器的执行不是由程序调用的，也不是手工启动的，而是由事件触发的。触发器是基于行执行的。不能编写过于复杂的存储过程，否则会影响数据库性能。

触发器是用来保护表中的数据的。触发器基于表创建，但是可以针对多个表进行操作，所以触发器可用来对表实施复杂的完整性约束。例如，当学生表中添加一条记录时，班级表中的学生数量要加一，就可以用触发器来实现。

6.6.2 创建触发器

创建触发器的语法如下：

```
CREATE TRIGGER 触发器名触发时间触发事件 ON 表名 FOR EACH ROW 触发器体
```

参数说明如下：

①触发器名：用户自定义的触发器名称，默认在当前数据库中创建。需要在指定数据库中创建时，要在名称前面加上数据库名称，格式为数据库名，触发器名。

②触发事件：激活触发程序的语句类型，包含 INSERT，UPDATE 和 DELETE 语句。

③触发器体：触发器激活时执行的 sql 语句，可以是多条 sql 语句，如果是多条 sql 语句，需要使用语句块。当触发器的语句涉及触发事件中变化的行时，可以使用 new 和 old 表示这些行，对应事件可以使用 old 和 new 的情形，如表 6.1 所示。

表 6.1 old 和 new 使用场景

触发器	new	old
Insert 型触发器	表示将要(before)或已经(after)插入的新数据	
update 型触发器	表示将要或已经修改的新数据	表示将要或已经被修改的原数据
Delete 型触发器		表示将要或已经被删除的原数据

④触发时间：触发器触发的时刻，有 after 和 before 两个选项，分别表示触发动作是在触发事件之前发生还是在触发事件之后发生。

⑤表名：建立触发器的表名，在该表上发生触发事件时才会激活触发器。由于同一个

表不能拥有两个具有相同触发事件和时间的触发器，所以一个表最多能创建6个触发器。

⑥FOR EACH ROW：指定行级触发，即对于触发事件影响的每一行，都要激活触发器的动作。MySQL只支持行级触发，因此必须写上for each row。

示例6.27

创建一个触发器，假设数据库中有两个表STU（学生表）和CLS（班级表），当学生表每添加一条记录时，班级表的学生数量自动加1。

班级表的创建sql如下：

```
CREATE TABLE CLS
(ID INT PRIMARY KEY AUTO_INCREMENT,
SCOUNT INT DEFAULT 0);
```

初始数据如图6.12所示。

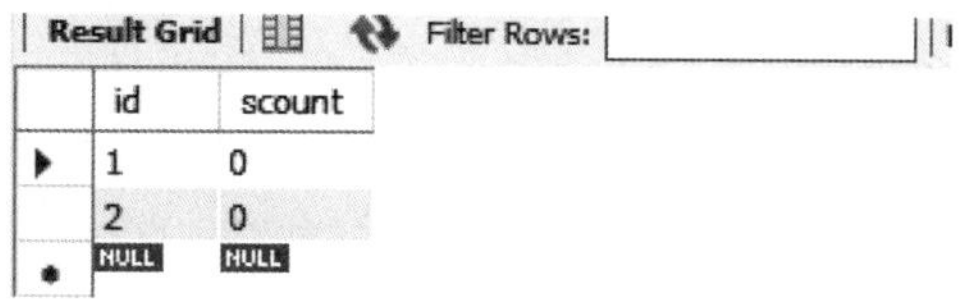

id	scount
1	0
2	0
NULL	NULL

图6.12　cls表初始数据

学生表是空的，结构如图6.13所示。

Field	Type	Null	Key	Default	Extra
id	int	NO	PRI	NULL	auto_increment
stuname	varchar(45)	YES		NULL	
cid	int	YES		NULL	

图6.13　stu表结构

触发器代码如下：

```
CREATE TRIGGER trig_count AFTER INSERT ON STU FOR EACH ROW
UPDATE CLS SET SCOUNT=SCOUNT+1 WHERE ID=NEW.CID
```

现在向学生表添加一条记录：

```
INSERT INTO STU VALUES(0,'zs', 1);
```

这时班级表的数据如图6.14所示。

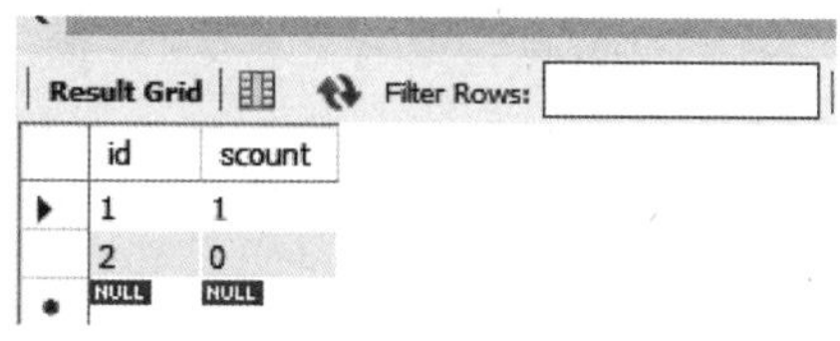

id	scount
1	1
2	0
NULL	NULL

图6.14　触发器执行结果

我们发现班级id为1的scount已经变为1了，说明触发器已经执行了。

课堂练习

①在 stu 表创建触发器,实现修改学生班级,cls 表中对应班级的 scount 发生变化。

②创建触发器,当删除 mclass 表的某个班级时,删除 students 表里面对应班级的学生。

6.6.3 查看触发器

查看触发器是指查看数据库中已经存在的触发器的定义、状态和语法信息等,可以通过 SHOW TRIGGERS 语句和在 triggers 表中查看。

(1)通过 SHOW TRIGGERS 语句查看触发器

代码如下:

```
SHOW TRIGGERS
```

执行后的运行效果如图 6.15 所示

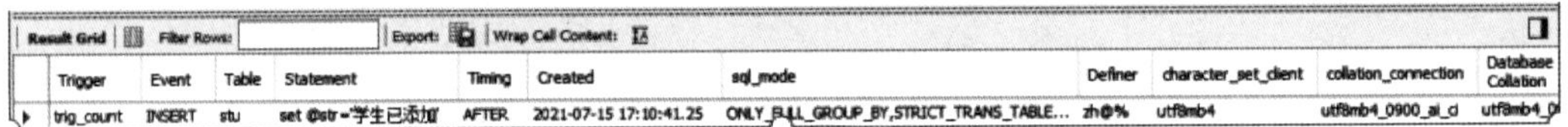

图 6.15 查看触发器

(2)在 triggers 表中查看触发器

在 MySQL 中,所有的触发器的定义都存放在 information_schema 数据库的 triggers 表中,因此可以通过 select 命令查看当前数据库中某个指定触发器的具体信息。语法如下:

```
select * from information_schema.triggers [where 查询条件]
```

示例 6.28

使用 select 查询 trig_count。

```
Select * from information_schema.triggers
where trigger_name='trig_count'
```

执行后的运行效果如图 6.16 所示。

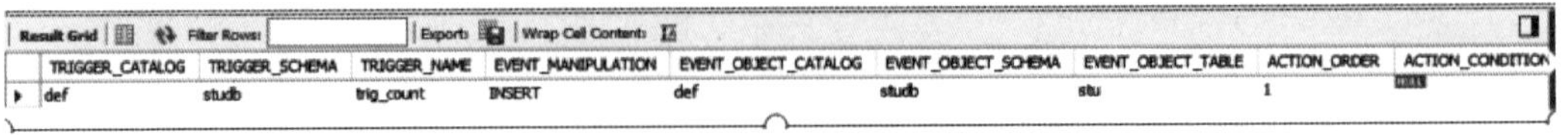

图 6.16 triggers 表查看触发器

课堂练习

使用 select 查看上一节课堂练习中创建的触发器。

6.6.4 删除触发器

和其他数据库对象一样,可以使用 DROP 语句删除触发器。语法格式如下:

```
DROP TRIGGER [IF EXISTS] [数据库名].触发器名
```

示例 6.29

删除触发器 trig_count。

```
DROP TRIGGER IF EXISTS trig_count;
```

拓展阅读:数据库卡脖子的时代一去不复返了

2019 年,《科技日报》列出了一批中国被卡脖子的关键技术,其中就有数据库。众所周知,数据库和操作系统一样都是底层的 IT 技术。数据库是全球三大基础软件技术之一,数据库的重要性不言而喻。自 20 世纪 90 年代开始,全球数据库市场几乎被 Oracle 这一巨头垄断,1989 年,Oracle 正式进入中国,没多久就成为中国电信行业最大的数据库供应商,同时开启了垄断中国市场 20 多年的历史。2013 年 5 月,阿里旗下的淘宝和天猫将Oracle数据库全部替换成了自主开发的 AliSQL,正式宣布阿里巴巴也有自己的数据库了。在实现从无到有的突破以后,阿里云乘胜追击,Gartner 公布 2020 年度全球数据库魔力象限评估结果,阿里云代表中国软件首次进入 Gartner 的全球领导者象限,实现中国软件的里程碑式突破。2021 年 4 月,Gartner 发布了全球 2011—2021 数据库管理系统全球市场格局,以阿里云为代表的新兴云数据库势力表现亮眼,在云数据库领域排名全球前三,整体排名全球前七。并不断缩小与 Oracle、IBM 等传统数据库厂商之间的差距。

当前,我国民族科技在互联网、人工智能、云计算、大数据等新一代信息技术领域展现出了强大的发展优势。中国工程院院士倪光南曾经指出,我国网信领域总体技术和产业水平在世界上居第二位。他认为,自主创新的核心技术更易进入市场并获得发展壮大机会。就数据库产品而言,要想从根本上把握住国产数据库的“命门”,就要从零开始设计,实现自主研发。在自主创新的浪潮下,很多国产数据库厂商坚持自主原创、独立研发,紧紧握住了国产数据库“命门”。

在持续发展的几十年间,国产数据库产品从“可用”“试着用”到“好用”“喜欢用”的方向不断演进,这也得益于数据库产品的架构、性能、功能、安全等多方面的发展和进步。创新是第一驱动力,技术是创新的根基,国产数据库只有不断进行技术升级,推出适应时代潮流、更加安全高效的数据库产品,才有可能实现成果的进一步转化以及数据库产业的长久繁荣。

思考题

①MySQL 如何将日期转换为时间戳?
②MySQL 常用的字符串处理函数有哪些?
③如何退出 loop 循环?
④MySQL 中变量有哪几种?
⑤MySQL 常用的日期和时间处理函数有哪些?
⑥存储过程的优点是什么?
⑦存储过程如何进行优化?
⑧触发器和存储过程的区别是什么?
⑨游标处理流程是什么?

模块 7　管理 MySQL 用户

【知识目标】

- 了解 MySQL 的用户管理策略。
- 掌握 MySQL 的用户添加和删除。
- 掌握 MySQL 的权限管理。

【技能要求】

- 会添加和删除用户。
- 会进行权限管理。

任务 7.1　添加和删除用户

添加和删除用户在数据库管理中是很常用的功能，在 MySQL 中，有多种方法可以用来添加和删除用户。

7.1.1　使用 CREATE USER 语句创建用户

使用 CREATE USER 创建用户的语法格式为：

```
CREATE USER '用户名'@'主机'[IDENTIFIED BY  [PASSWORD]  '密码' ]
```

参数说明：

- IDENTIFIED BY：可选项，用于设置用户的密码，MySQL 新用户可以没有密码。
- PASSWORD：可选项，主要设置对密码进行加密，如果密码是一个普通字符串，则不需要使用 PASSWORD 关键字。
- 主机：必选项，主机名称可以是 ip 地址，%表示任意主机。

示例 7.1

使用 CREATE USER 语句向数据库中新添加一个用户，用户名为 admin，主机名为 localhost，密码为 123456。

```
CREATE USER admin@'localhost'  IDENTIFIED BY  '123456';
```

运行后通过查询 MySQL.user 表可以查看添加后的用户信息，如图 7.1 所示。

课堂练习

使用 CREATE USER 语句向数据库中新添加一个用户，用户名为 tom，主机名为 localhost，密码为 123456。

host	user	password
localhost	root	*6BB4837EB74329105EE4568DDA7DC67ED2CA2AD9
win-87hdnphkno3	root	
127.0.0.1	root	
::1	root	
localhost	pma	
localhost	tomy	*6BB4837EB74329105EE4568DDA7DC67ED2CA2AD9
localhost	admin	*6BB4837EB74329105EE4568DDA7DC67ED2CA2AD9

图 7.1　MySQL.user 表查看用户信息

7.1.2　使用 INSERT 语句创建用户

使用 INSERT 语句向 MySQL.user 表中插入新用户信息也可以实现新用户的创建，MySQL.user 表是 MySQL 中管理用户信息的表，要使用 INSERT 语句创建新用户，必须拥有对 MySQL.user 表的 INSERT 权限。

使用 INSERT 语句创建用户的语法格式如下：

```
INSERT INTO MySQL.user ( Host, User, authentication_string, ssl_cipher
, x509_issuer ,
x509_subject)
VALUES('主机名','用户名', PASSWORD('密码字符串'),'','','')
```

参数说明：

- MySQL.user：必选项，MySQL.user 是 MySQL 中管理用户信息的表，可以通过 insert 语句向这个表中插入数据创建新用户。
- Host：必选项，表示允许用户登录的用户主机名称。
- User：必选项，表示新建用户的账户。
- authentication_string：必选项，设置密码。
- ssl_cipher：必选项，这个字段表示加密算法，没有默认值，向 user 表中插入新记录时，一定要设置这个字段的值，否则 insert 语句将执行失败。
- PASSWORD：必选项，主要设置对密码进行加密。

示例 7.2

使用 insert 语句向数据库中新添加一个用户，用户名为 tomy，主机名为 localhost，密码为 123456。

```
INSERT INTO MYSQL.USER ( HOST , USER , AUTHENTICATION_STRING , SSL
_CIPHER
, X509_ISSUER ,
X509_SUBJECT)
VALUES('LOCALHOST','TOMY', PASSWORD('123456'),'','','')
```

执行完 insert 命令后要使用 flush privileges 命令使新用户生效，这个命令可以从

MySQL 数据库中的 user 表中重新装载权限。

运行后通过查询 MySQL.user 表可以查看添加后的用户信息，如图 7.2 所示。

host	user	password
localhost	root	*6BB4837EB74329105EE4568DDA7DC67ED2CA2AD9
win-87hdnphkno3	root	
127.0.0.1	root	
::1	root	
localhost	pma	
localhost	tomy	*6BB4837EB74329105EE4568DDA7DC67ED2CA2AD9

图 7.2 insert 语句添加用户结果

课堂练习

使用 insert 语句向数据库中新添加一个用户，用户名为 tony，主机名为 localhost，密码为 123456。

7.1.3 使用 DROP USER 语句删除用户

使用 DROP USER 语句删除用户时，必须拥有 DROP USER 权限。DROP USER 语句的基本语法格式如下：

```
DROP USER '用户名1'@'主机名'[,'用户名2'@'主机名']...
```

示例 7.3

使用 DROP USER 语句删除用户 tomy。

```
DROP USER tomy@ localhost;
```

运行后通过查询 MySQL.user 表可以查看删除后的用户信息，如图 7.3 所示。

host	user	password
localhost	root	*6BB4837EB74329105EE4568DDA7DC67ED2CA2AD9
win-87hdnphkno3	root	
127.0.0.1	root	
::1	root	
localhost	pma	
localhost	admin	*6BB4837EB74329105EE4568DDA7DC67ED2CA2AD9

图 7.3 DROP USER 删除用户结果

课堂练习

使用 DROP USER 语句删除数据库用户 admin。

7.1.4 使用 DELETE 语句删除用户

使用 DELETE 语句可以将用户的信息从 MySQL.user 表中删除时，必须拥有对 MySQL.

user 表的 DELETE 权限。

使用 DELETE 语句删除用户的语法格式如下：

```
DELETE FROM MySQL.user WHERE Host='主机名' AND User='用户名'
```

参数说明：

- MySQL. user：必选项，MySQL. user 是 MySQL 中管理用户信息的表，可以通过 DELETE 语句从这个表中插入数据删除用户。
- Host：必选项，表示允许用户登录的用户主机名称。
- User：必选项，表示新建用户的账户。

示例 7.4

使用 DELETE 语句删除数据库用户 admin。

```
DELETE FROM MySQL.user WHERE Host='localhost' AND User='admin'
```

执行完 DELETE 命令后要使用 flush privileges 命令使新用户生效，这个命令可以从 MySQL 数据库中的 user 表中重新装载权限。

运行后通过查询 MySQL.user 表可以查看添加后的用户信息，如图 7.4 所示。

host	user	password
localhost	root	*6BB4837EB74329105EE4568DDA7DC67ED2CA2AD9
win-87hdnphkno3	root	
127.0.0.1	root	
::1	root	
localhost	pma	

图 7.4　DELETE 删除用户结果

课堂练习

使用 DELETE 语句删除数据库用户 jack。

任务 7.2　管理权限

权限管理主要是对登录到数据库的用户进行权限验证，用户的权限都存储在 MySQL 权限表中。

7.2.1　MySQL 中的各种权限

MySQL 数据库中有很多类型的权限，这些权限都存储在 MySQL 数据库的权限表中。MySQL 中存在 4 个控制权限的表，分别为 user 表、db 表、tables_priv 表、columns_priv 表。MySQL 权限表的验证过程为：先从 user 表中的 Host、User、Password 这 3 个字段中判断连接的 ip、用户名、密码是否存在，存在则通过验证。通过身份认证后进行权限分配，按照 user、db、tables_priv、columns_priv 的顺序进行验证，即先检查全局权限表 user，如果 user 中对应的权限为 Y,则此用户对所有数据库的权限都为 Y,将不再检查 db、tables_priv、columns_priv;如果为 N,则到 db 表中检查此用户对应的具体数据库,并得到 db 中为 Y 的权限;如果 db 中为 N,则检查 tables_priv 中此数据库对应的具体表,取得表中的权限 Y,以此类推。

表 7.1 列出了 MySQL 中的各种权限。通过权限设置,用户可以拥有不同的权限,合理的权限设置可以保证数据库的安全。

表 7.1　权限说明表

权限	作用范围	作用
all	服务器	所有权限
select	表、列	选择行
insert	表、列	插入行
update	表、列	更新行
delete	表	删除行
create	数据库、表、索引	创建
drop	数据库、表、视图	删除
reload	服务器	允许使用 flush 语句
shutdown	服务器	关闭服务
process	服务器	查看线程信息
file	服务器	文件操作
grant option	数据库、表、存储过程	授权
references	数据库、表	外键约束的父表
index	表	创建/删除索引
alter	表	修改表结构
show databases	服务器	查看数据库名称
super	服务器	超级权限
create temporary tables	表	创建临时表
lock tables	数据库	锁表
execute	存储过程	执行
replication client	服务器	允许查看主/从/二进制日志状态

续表

权限	作用范围	作用
replication slave	服务器	主从复制
create view	视图	创建视图
show view	视图	查看视图
create routine	存储过程	创建存储过程
alter routine	存储过程	修改/删除存储过程
create user	服务器	创建用户
event	数据库	创建/更改/删除/查看事件
trigger	表	触发器
create tablespace	服务器	创建/更改/删除表空间/日志文件
proxy	服务器	代理成为其他用户
usage	服务器	没有权限

7.2.2 授予权限

授予权限就是向某个用户赋予某些权限，如可以向新建的用户授予查询某些表的权限。在 MySQL 中使用 GRANT 关键字为用户设置权限。只有拥有 GRANT 权限，才能执行 GRANT 语句。GRANT 的语法格式如下：

```
GRANT 权限列表 [列列表] ON 数据库名.表名 TO '用户名'@'主机名'
```

参数说明：

- 权限类表：必选项，表示用户的权限，用逗号分隔，ALL PRIVILEGES 用于授予用户所有权限。
- 数据库名.表名：必选项，表示权限作用的数据库名及表名，＊.＊表示所有数据库的所有表。
- 列列表：必选项，表示权限作用在数据表的哪些列上，如果不指定，则表示权限作用于整个表。

示例 7.5

使用 GRANT 语句为用户 admin 添加所有权限到所有数据库的所有表。

```
GRANT ALL PRIVILEGES ON *.* TO 'admin'@'localhost';
```

执行完 insert 命令后要使用 flush privileges 命令使新用户生效，这个命令可以从 MySQL 数据库中的 user 表中重新装载权限。

课堂练习

①使用 GRANT 为用户 tomy 添加 SELECT 权限到 studb 的 courses 表。
②使用 GRANT 为用户 tomy 添加 UPDATE、INSERT 权限到 studb 的 students 表。
③使用 GRANT 为用户 tomy 添加 DELETE 权限到 studb 的 students 表。

7.2.3 收回权限

收回权限就是取消某个用户的某些权限，例如，管理员认为某个用户不应具有 DELETE 权限，可以通过收回该用户的 DELETE 权限，保证数据库的安全。收回权限使用 REVOKE 语句。REVOKE 语句的语法格式为：

```
REVOKE 权限列表 [列列表] ON 数据库名.表名 FROM  '用户名1'@'主机名' [,'
用户名2'@'主机名']...
```

参数说明：

- 权限类表：必选项，表示用户的权限，用逗号分隔，ALL PRIVILEGES 用于收回用户所有权限。
- 数据库名.表名：必选项，表示权限作用的数据库名及表名，＊.＊表示所有数据库的所有表。
- 列列表：必选项，表示权限作用在数据表的哪些列上，如果不指定，则表示权限作用于整个表。

示例 7.6

使用 REVOKE 语句收回用户 admin 对 studb.students 表的 DELETE 权限。

```
REVOKE DELETE ON studb.students FROM ' admin '@' localhost ';
```

课堂练习

①使用 REVOKE 收回用户 tomy 对 studb.courses 表的 SELECT 权限。
②使用 GRANT 收回用户 tomy 对 studb.students 表的 UPDATE 权限。
③使用 GRANT 收回用户 tomy 的所有权限。

7.2.4 查看权限

在 MySQL 中，用户的权限存储在 MySQL.user 表中，可以使用 SELECT 语句查询 user 表中的用户权限。除此之外，还可以使用 SHOW GRANTS 语句查看用户权限。SHOW GRANTS 的语法格式如下：

```
SHOW GRANTS FOR '用户名'@'主机名';
```

示例 7.7

使用 SHOW GRANTS 语句查看用户 admin 的权限。

```
SHOW GRANTS FOR ' admin '@ ' localhost ';
```

运行后的结果如图 7.5 所示。

```
+
| Grants for admin@localhost
|
+----------------------------------------------------------------------------------------------------
+
| GRANT ALL PRIVILEGES ON *.* TO 'admin'@'localhost' IDENTIFIED BY PASSWORD '*6BB4837EB74329105EE4568DDA7DC67ED2CA2AD9'
|
```

图 7.5　查看用户权限

课堂练习

使用 SHOW GRANTS 语句查看用户 root 的权限。

拓展阅读:数据库 2025 趋势前瞻

随着云计算、5G 的加速覆盖,基础设施的全面升级,数据爆发式增长,数据模型也变得多样化,国产化进程加速,数据库迎来了全新的发展机遇,阿里云数据库产品管理与运营部总经理叶正盛分享了对 2025 年数据库的趋势前瞻。

第一,云是数据库最重要的发展方向。报告显示,2019 年有 20%的数据存储在公共云,2025 年有 46%的数据会存储在公共云,80%~90%的数据都会存储在云上面。云原生数据库发展得非常快,无论是数据还是技术都代表了一种新的生产力。数据库支持多云部署是最重要的战略方向,不管是做一个初期的产品还是开源成熟的生态,这一定是未来。

第二,数据库默认自动驾驶,数据库自动驾驶能力持续增强。当前已经有 2 000 家企业在阿里云开启了数据库自治服务。阿里云开发的 DBA 产品集成了自动驾驶的理念,不需要去干预,就像一个医生,出现问题的话能够自动优化、修复,容量足够的话能够自动扩容,“双十一”能够做智能的压测,出现黑客攻击或者意外的话就会有 SQL 高峰自动限流。

第三,国产数据库全面崛起。各种国产数据库百花齐放,很多新的系统都符合客户的需求。

大数据时代到来带来的改变,从技术视角来说是从小数据变成大数据,数据的体量、种类和速度都已经变成实时。从应用视角看是从数据业务化到数据资产化,智能分析成为主流需求。对于企业来说,数据库就是解决业务的数据化,有了数据以后就要变成资产,发挥它的价值,所以需要数据仓库与商业智能,也需要数据科学和机器学习,所以现在数据分析平台+人工智能平台或者机器学习平台是未来企业的三大件。

思考题

①MySQL 有关权限的表都有哪几个？
②数据库用户管理流程规范和管理策略是什么？
③MySQL 的权限的控制可以大致分为哪三个层面？
④MySQL 权限表的验证过程是什么？
⑤MySQL 权限管理的主要原则是什么？

参考文献

[1] 黄翔,刘艳.MySQL 数据库技术[M].北京:高等教育出版社,2019.
[2] 汪晓青.MySQL 数据库基础实例教程[M].北京:人民邮电出版社,2020.
[3] 传智播客高教产品研发部.MySQL 数据库入门[M].北京:清华大学出版社,2015.
[4] 刘刚,苑超影.MySQL 数据库应用实战教程[M].北京:人民邮电出版社,2019.